中国高等院校建筑学科精品教材

梁旻　胡筱蕾 ／ 著

室内设计
原理（升级版）

U0390501

上海人民美術出版社

前 言

　　室内设计作为一个设计专业方向在我国高等教育中从无到有、从新兴到成熟的发展已有三十多年的历史。这期间随着国民经济和城市建设的发展，大量的新建筑拔地而起，其室内空间需经过规划、设计而获得使用功能和审美价值；同时也有大量的建成建筑由于使用功能的改变，或是因原来的室内环境的陈旧、设施设备的落后而无法满足新时期的要求，而需进行重新设计和改造。这种情况为室内设计的从业人员提供了众多的机会，也带来了可观的经济效益，因而吸引了大量的生源报考室内设计以及与此相近的专业（例如环境艺术设计等）。而各大高校开办室内设计或环境艺术设计专业蔚然成风。反思多年来国内室内设计的高等教育的得失，以及室内设计从业人员整体素质的现状，同时借鉴国外室内设计教育体系相对完整和成熟的高校的课程设置和教学大纲，我们认为是时候，也有必要对现有的教学计划和课程内容进行适当的修改。本书就是我们结合教改而撰写的一本室内设计专业教材，与以往国内的专业教材相比，本书除了系统介绍室内设计的定义、内容、基本原理、历史发展等内容以外，更注重特定空间室内设计的要点分析、设计思维的训练和方案过程的引导，旨在通过具体案例使学生掌握和领悟室内设计全过程中各步骤的具体思考和设计方法，培养针对不同的设计任务和不同的业主要求而进行个性化设计的能力。同时本教材也加强了设计与施工环节之间的联系，通过装饰材料的选择与施工工艺的介绍，使学生掌握常用的装饰构造设计原则。

　　室内设计行业的发展非常迅猛，专业教育也需要不断推陈出新，我们希望在此次撰写的这本教材中能充分体现出当前室内设计教育最新的观点和方法，引入最新的有代表性的案例，让学生了解室内设计的发展趋势，掌握行业动态。

　　当然，本教材中有些观点还未经过时间的检验，如有疏漏和缺陷还请谅解并指正。

目 录

↗ 第一章

↗ # 室内设计概述

现代生活中，人们的行为无时无刻不与周围的环境产生联系，大到自然环境、城市环境，小到居住环境、工作环境、娱乐休闲环境等。人的一生中有超过三分之二的时间是在建筑的室内空间中度过的，室内环境由此成为整个环境体系中不可或缺的重要组成部分，直接影响着人们的生活品质（图1-0-1）。

一、室内设计的定义

人类社会从原始部落发展到具有高度文明的今天，对自身的生存和生活环境品质的改善总在进行孜孜不倦的追求。考古学向我们揭示了早在旧石器时代晚期原始人居住的洞穴里，先民们就会选择和利用天然形成的高低大小不等的石头来充当简陋的桌、凳、床，满足生活的基本功能需要；另外，他们还在石壁上作画，不仅记录生活状态，同时也起到美化石穴内部环境的作用（图1-1-1）。而从现存的古埃及、古希腊、古罗马的石砌建筑遗迹，古印度的石窟建筑和中国古代木构建筑遗迹中，我们也不难发现，当先民们学会为自己建造遮风挡雨的居住建筑或为敬奉的神灵建造祭祀宗教建筑时，装饰就和建筑主体紧密地结合为一体，以绘画、雕刻、雕塑等形式存在，而且多与建筑结构构件融合在一起，这些装饰主要是由建筑师、画家、雕塑家或是匠人来完成的（图1-1-2）。在欧洲，到17世纪初的巴洛克建筑时期，出现了室内装饰与建筑师行业的分离。建筑和营造技术的成熟，使得大量建筑的使用年限大大延长，而室内环境的使用周期相对较短，需要每隔一定年限就对建筑内部进行重新粉饰或改装。"装饰工匠"名称的使用出现在法国宫廷建筑和贵族宅邸的营建活动中，他们按照雇主对样式的要求，在不改动建筑主体结构的前提下，对室内空间进行改装，从而推动了室内装饰风格的流变（图1-1-3）。近代工业革命引发的对建筑新形式、新技术、新材料的探索，推动了混凝土建筑的发展。这种建筑方式"不仅使室内装饰从建

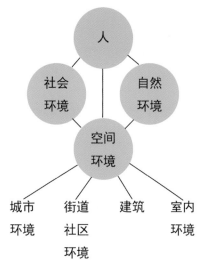

图1-0-1 图中所示为现代人与环境的相互关系，整个环境体系包括社会环境和自然环境两大部分，而它们又与空间环境不可分割，室内环境是空间环境的重要组成部分。

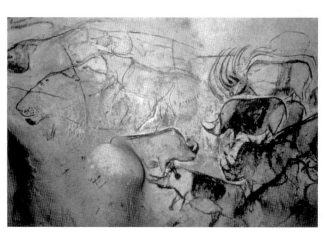

图1-1-1 "狮子受困图"位于法国阿尔代什省的肖威特洞穴（Grotte Chauvet）里，此岩洞壁画记载着原始人类的生活场景，同时把天然洞窟烙上了人工印迹。

图 1-1-2　捷克首都布拉格的圣维特大教堂（St.Vitus Cathedral，始建于 929 年）西入口处的建筑和装饰细部，哥特风格的发券、雕刻和描绘创世纪圣经故事的壁画成为一体，既是建筑结构，又是建筑装饰，同时还具有宗教意义，是由建筑师、艺术家和匠人共同完成的作品。

图 1-1-3　巴黎苏必斯府邸的客厅（Hotel de Soubise，Interior，1735 年），由勃夫杭（Boffrand）设计。洛可可装饰风格的代表作。

图 1-1-4　位于奥地利首都维也纳的分离派美术馆（1897 年），建筑和室内都是由约瑟夫·奥尔布里奇（Joseph Olbrich）设计的。建筑外观和室内空间以具有古典韵味的现代形式体现了直线与曲线的平衡。

① 《室内设计资料集》张绮曼、郑曙旸主编，中国建筑工业出版社，P3。

筑主体中脱离开来，而且发展成为不依附于建筑主体而相对独立进行生产制作的部分"①。19 世纪下半叶至 20 世纪的折衷主义，19 世纪下半叶起的工艺美术运动，19 世纪末到 20 世纪初的新艺术运动、德国的"青年风格派"、以维也纳为中心的"分离派"、美国的芝加哥学派，20 世纪 20 至 30 年代的装饰艺术运动等，伴随着各种新的建筑类型的涌现，众多的建筑师在他们所设计的建筑内部空间里演绎着与建筑风格一脉相承的精彩，在历史上留下了珍贵的范例（图 1-1-4）。室内装饰行业作为一个被社会承认的、为他人提供装潢设计的行业，应从 19 世纪末算起。美国有位曾经是演员的公众人物埃尔西·德·沃尔夫（Elsie de Wolfe，1865—1950 年）被认为是第一位成功的专业室内装饰师，她不仅熟谙各个时期的传统风

图 1-1-5　位于美国纽约的侨民俱乐部（1905—1907 年），由埃尔西·德·沃尔夫设计。她运用鲜亮的色彩和简洁的造型来创造历史形式的新变革。

格，能娴熟地将多种设计元素加以合理布置和安排，为客户提供色彩或织物搭配的意见，也擅长搭配家具、地毯和其他装饰品（图 1-1-5）。1913 年，她出版了《高品位住宅》一书。有趣的是，以沃尔夫为代表的早期室内装饰师多为一些"有品位的女士"，她们没有受过系统的建筑设计或是艺术设计教育，这使她们的服务停留在个人经验上，并且多以表面装饰为主。随着包豪斯学派"形式追随功能"的建筑设计观念引领着现代主义建筑走向全球，"室内装饰"逐渐衰落，而与建筑空

图 1-1-6　凭借后现代主义的作品反对现代主义的建筑师菲利普·约翰逊（Phillip Johnson）1949 年为自己设计的位于康涅狄格州的住宅，以当时的合作者密斯·凡·德·罗（Mies van der Rohe）的范思沃斯住宅为蓝本进行设计，钢和大片玻璃的运用使建筑形式和室内空间追求纯净和流动感。

图 1-1-7　位于意大利米兰的旅游信息和接待处，最初在 2008 年 4 月的米兰设计周作为与创意世界相关的米兰各院校的文化信息收集枢纽。该室内设计项目集空间设计、界面装饰设计、升降地面设计、灯光设计、家具设计、软装饰设计、多媒体设计、通讯技术设计等于一体，充分体现出当代室内设计的复杂性，以及对设计师专业细分和团队合作的要求。

间和结构相关的"室内设计"站到了历史舞台的前沿。在强调使用功能而把造型单纯化、装饰简化甚至摒弃装饰的设计思想影响下，室内设计把使用功能以合理性与逻辑性的形式表现放在最重要的地位，即空间规划、功能和结构设计，以及室内音响、灯光等技术要求，设计更实用，也更平民化。从业人员被称为"室内设计师"或"室内建筑师"，他们在设计中更多地考虑如何运用新材料、新技术表现新创意（图1-1-6）。室内设计的发展极大地受到建筑设计的影响，当现代主义建筑走向极端，由于缺乏人情味和千篇一律而引起人们的厌倦时，在室内空间中，人们也开始重新在历史样式中寻求寄托，对各种多元的、复杂的、甚至是矛盾的形式和装饰表现出越来越浓厚的兴趣。渐渐地，"室内装饰"重新又获得生命。近年来，室内装饰和室内设计的界限在淡化，更为公众和专业人士所接受的室内设计师不仅需要对客户需求进行分析和确定，对建筑的室内空间进行合理规划，对各界面及装饰进行处理，对室内物理环境进行设计，而且也需要根据客户对生活品位的追求来把握整体装饰风格，搭配色彩，选配家具、照明灯具、装饰织物、艺术陈设品、绿化等，同时还需要在整个装饰工程实施过程中提供特殊做法指导，监督施工质量和确保最终装饰效果的服务（图1-1-7）。

现代室内设计，亦称室内环境设计，是根据建筑物的使用性质、所处环境、使用人群的物质与精神要求、建造的经济标准等条件，运用一定的物质技术手段、美学原理和文化内涵来创造安全、健康、舒适、优美、绿色、环保，符合人的生理及心理要求，满足人们各方面生活需要的内部空间环境的设计，是空间环境设计系统中与人关系最直接、最密切和最主要的方面。

二、室内设计的内容及基本特征

现代室内设计是一门跨学科的综合性较强的专业，其涵盖面很广，可以归纳为以下几个部分：

第一，室内空间的组织、调整、创造或再创造。即对所需要设计的建筑的内部空间进行处理，组织空间秩序，合理安排空间的主次、转承、衔接、对比、统一；在原建筑设计的基础上完善空间的尺度和比例，通过界面围合、限定及造型来重塑空间形态（图1-2-1）。

第二，功能分析、平面布局与调整。就是根据既定空间的使用人群，从年龄、性别、职业、生活习俗、宗教信仰、文化背景等多方面入手分析，确定其对室内空间的使用功能要求及心理需求，从而通过平面布局及家具与设施的布置来满足物质及精神的功能要求（图1-2-2）。

第三，界面设计，是指对于围合或限定空间的墙面、地面、天花等的造型、形式、色彩、材质、图案、肌理等视觉要素进行设计，同时也需要很好地处理装饰构造，通过一定的技术手段使界面

图1-2-1 某一单元式住宅的室内，设计师通过扩大门洞、门洞两边墙体材料和造型差异化处理、局部抬高地面、设置凹入空间、形成体块感的墙体等手段，重新塑造了空间形态，打破了原来较为呆板的两房两厅的建筑格局，增加了空间的流动感和利用率。

的视觉要素以安全合理、精致、耐久的方式呈现（图1-2-3）。

第四，室内物理环境设计。即为使用者提供舒适的采暖、通风、空气调节等室内体感气候环境，采光、照明等光环境，隔音、吸声、音质效果等声环境，以及为使用者提供安全的防盗报警、门警、闭路电视监视、安保巡更系统、火灾报警与消防联动系统、紧急广播、紧急呼叫等系统，为使用者提供便捷性服务的结构化综合布线、信息传输、通讯网络、办公自动化系统、物业管理系统等。这是现代室内设计中极其重要的一个内容，是确保室内空间与环境安全、舒适、高效利用必不可少的一环。随着科技的发展及在智能建筑领域的应用拓展，它将越来越多地提高人们生活、工作、学习、娱乐的环境品质（图1-2-4）。

图1-2-2　位于德国柏林的犹太人博物馆（1992—1998年），由丹尼尔·李伯斯金（Daniel Libeskind）设计。从地下展厅的平面示意图可以看出，设计师通过斜向交叉形成锐角的参观通道获得锋利的墙体棱线，具有强烈的被撕裂的视觉冲击力，而长长的通道尽端则安排了具有纪念性和唤起冥想作用的特殊空间。整个室内空间的平面布局、功能分布和造型处理，完全是出于缅怀二战中犹太人惨遭灭绝人寰大屠杀的历史、警示世人以史为鉴的需要。

第五，室内的陈设艺术设计，包括家具、灯具、装饰织物、艺术陈设品、绿化等的设计或选配、布置等。在当今的室内设计中，陈设艺术设计起到软化室内空间、营造艺术氛围、体现个性化品位与格调的作用，并且往往是整体装饰效果中画龙点睛的一笔（图1-2-5）。

以上五个方面的内容对于室内设计来说并不是孤立存在的，而是相互影响、互为依存的。例如，在研究室内空间的组织、塑造其空间形态时，应该同时进行功能分析，并使室内空间在满足一定的使用要求的同时，尽可能地体现艺术审美价

图1-2-3　某一宾馆的电梯厅及走道空间，其天花与地面设计采用了相互呼应的图案，给该空间带来一定的导向性。

图1-2-4　机场候机楼空间高大、功能复杂。为了给旅客提供舒适安全的休息候机服务，室内的空气品质、灯光配置、背景噪音控制、有线电视、无线上网、火灾报警与消防系统、紧急广播、紧急疏散指示等都通过结构化综合布线，来满足智能化的控制要求。

图1-2-5　挪威峡湾里一个小宾馆的餐厅，淡绿色织物覆面的餐椅与红色墙纸、地毯、窗帘形成撞色效果，朴实的台灯、墙上的装饰画和摆放在窗台上的鲜花相映成趣，营造出乡土而温馨的格调。

图 1-2-6　美国某儿童医院候诊区，用屋中屋的概念、云朵的造型、鲜艳的色彩为受疾病折磨的孩子提供了一处可以暂时忘却病痛的游戏世界，体现了对使用人群的关怀，饱含"以人为本"的设计理念。

值和文化内涵。又如，空间的立体造型是靠地面、墙面、顶面等界面围合或限定而成的，所以界面的设计直接影响到整个空间的视觉形象。再如，空间的色彩设计是以装饰材料为物化介质来表现的，光环境又会改变色彩的真实感和表现力，对空间感又能起到扩大或缩小、活跃或压抑、温暖或冷静等改性作用。因此，室内设计无疑是对建筑内部空间所涵盖的众多元素的综合设计和再创造。

从室内设计与装饰的历史发展，以及现代室内设计所涉及的内容来看，我们可以归纳出其基本特征：

1. 目的性——以满足人的需求为出发点和目标，"以人为本"的理念应贯穿设计的全过程（图 1-2-6）。

2. 物质性——室内环境的实现是以视觉形式为表现方式，以物质技术手段为依托和保障，特别离不开材质、工艺、设备、设施等的物质支持，科技的进步为设计师和业主提供了更多的选择，从而有可能带来室内设计的变革（图 1-2-7）。

图 1-2-7　德国慕尼黑的宝马世界（2001—2007 年）室内展厅，用金属材料做成巨大的弧形，凸显科技的力量。

3. 艺术性——室内设计的过程和结果均通过一定的艺术表现形式来体现一定的审美情趣，创造出具有艺术表现力和感染力的空间及形象，视觉的愉悦感和文化内涵是室内设计在心理和精神层面上的要求。现代室内设计由于得到科技和物质手段的支持，在艺术领域的尝试与探索变得有更多的可能，有更多的设计作品以前所未有的艺术造型与形式呈现在我们面前（图 1-2-8）。

4. 综合整体性——室内设计各要素相互影响、互为依存、共同作用，既要考虑人与空间、人与物、空间与空间、物与空间、物与物之间的相互关系，又要把握技术与艺术、理性与感性、物质与精神、功能与风格、美学与文化、空间与时间等诸多层次的协调与整合。这就要求室内设计师不仅仅具备空间造型能力或是功能组织能力，更需要多方面的知识和素养。同时，室内设计是环境艺术链中的一环，设计师应该培养并加强环境整体观（图 1-2-9）。

5. 动态的可变性——建筑的室内环境随着时间的推移，在使用功能、使用对象、审美观念、环境品质标准、配套设施设备、相应规范等多方面都必然发生变化，因而室内设计呈现出周期性更替的动态可变性。

图 1-2-8　2007 年 9 月竣工的德国科隆（Kolumba）艺术博物馆建筑里包含着一个利用旧教堂遗址新建的小教堂，设计师用富有感染力的艺术形象创造出与传统宗教空间不同的艺术形式。

图 1-2-9　赖特设计的流水别墅，其室内环境因建筑设计而生，与周边的茂密树林、潺潺流水、错落岩石形成一个整体，堪称环境整体观的典范。

三、室内设计行业与室内设计师

正如我们前文提到的，室内设计作为一个行业正式被社会公众认同，始于 19 世纪末的美国的室内装饰师。室内设计行业在发达国家已经经历了一百多年的发展，逐渐建立起较为完善的行业规范、行业准入规则、职业培训体系。我国的室内设计行业发展至今有三十多年的历史，虽然在时间上与国外相比非常短暂，但通过"走出去，请进来"，向国外同行进行学习和交流，以及高校专业人才系统地培养与行业协会定期地组织培训和研讨，由此在广大地区也逐步建立了相对较完善的行业体系。

室内设计行业主要可以分为两类：住宅类设计（亦称家庭装潢设计，简称家装设计）、非住宅类室内设计（亦称公共建筑装饰装修设计，简称公装设计）。而非住宅类室内设计又可按建筑的使用性质分为：办公建筑、商业建筑、展览建筑、旅游建筑、医疗与保健康复类建筑、文化教育建筑、观演建筑、体育竞技与休闲运动建筑、交通建筑等类别（表 1-3-1）。不同性质的建筑及使用人群对其室内空间的具体使用和审美要求存在显著的差异，"术业有专攻"，它就造成了室内设计行业的从业单位及个人在市场上有细分，而且在本单位内部或在某一项目实施过程中也存在分工与合作的关系。就整个市场细分来说，住宅类室内设计主要是为以家庭为单位的客户提供住宅或公寓、别墅、度假屋，抑或兼有家庭办公功能的 Loft 等的室内设计及装修服务，以直接面对特定的、少量的、结构相对稳定的使用对象为特征，设计过程中需要与客户保持密切的联系，力求设计满足客户的具体需求，体现其生活方式和情趣。非住宅类室内设计的业主多为公司、团体，空间的使用人群虽然一般在范围上有所指向，但相对是模糊的，存在很大的不确定性和可变性。因此除了必要的与业主沟通外，设计师需要更多地运用专业知识和创意为使用人群进行规划和设计，此类设计更大程度地依赖设计师的能力来塑造内部空间环境的品质，整个工程实施过程中的质量与效果控制也更受关注，结合国家和地方的各项相关法规和规范也更密切。非住宅类室内设计项目由于投资造价一般较高，业主都希望尽可能多地比

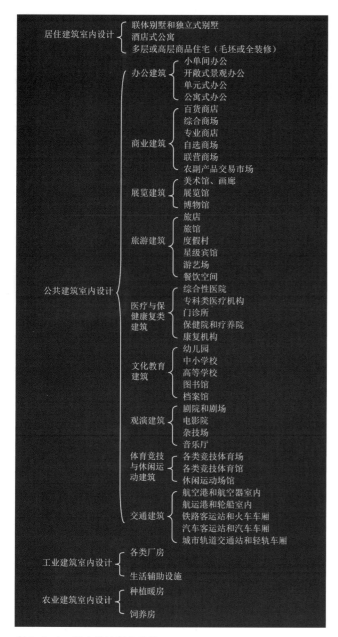

表 1-3-1　室内设计行业分类

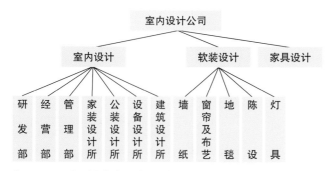

表 1-3-2　典型的室内设计公司构架组织

较设计方案与设计团队的业务运作能力，往往采取设计招投标的方式，进行方案的公开遴选和项目实施计划、设计费用等方面的比较。通过竞标，最终确定设计单位和设计初步方案。

对于室内设计公司内部而言，人员的分工与协作，是保障设计项目的各个环节有序展开，提高工作效率，强化专业知识和能力积累的必要方式。室内设计公司中的部门划分，可以反映出项目的运作和人员的分工协作方式（表 1-3-2）。

鉴于项目本身对室内设计师的要求以及室内设计行业的分工状况，现代室内设计师应该具备以下基本的专业知识和技能：

1. 与业主的沟通能力：要求通过交流，一方面能领会业主的需求、掌握业主的审美倾向和价值观，另一方面能用语言、专业图纸和专业绘画向业主清晰地表达设计方案、预想效果、用材、用色、设计细节（图 1-3-1）。

2. 理性分析、优化设计方案的能力：要求设计师在前期调研、方案设计的过程中能及时整理归纳各种信息，通过理性分析，在功能布局、空间造型、动线组织、界面处理、色彩与材质搭配、光环境塑造等方面，进行可行方案的比较，从而获得最佳方案（图 1-3-2）。

3. 协调各设备工种的能力：当代的建筑体系早已超越了仅为使用者提供遮风挡雨、有安全性的功能空间的阶段，而是更关注建筑使用者的身心健康、卫生及安全，建筑的使用效能和内部环境品质，以及建筑内外部环境的关系，因而当代建筑，特别是公共建筑和大体量建筑都有着众多而复杂的设备系统。这就要求室内设计师应了解各种建筑设备系统的运作原理，掌握它们对建筑空间的要求和影响，能够从全局上协调暖通、给排水、电气各设备工种的设计方案，提出优化造型的建议，帮助合理化各设备系统，从而获得更多的空间设计灵活性（图 1-3-3）。

4. 熟悉建筑和装饰材料，掌握创造性运用材料来表现空间、赋予界面意义的能力：材料不再仅仅是室内环境客观存在的一种物质载体，而是已经成为设计师的一种富有表现力的创作语汇。任何一个设计方案最终要被建造出来，必须落实到具体的材料选用上。现代材料科学的发展，带

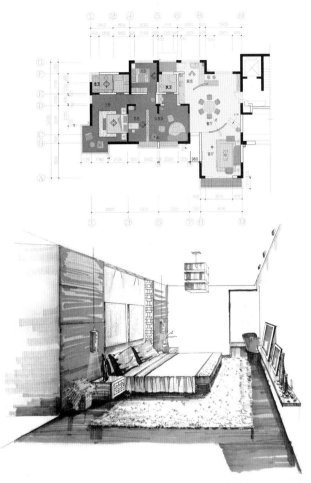

图 1-3-1　某住宅的平面布置图和卧室的手绘快速表现图，虽然并不完整，但可以清晰地向业主传递功能布局、空间关系、家具布置、主要空间的装饰风格和主要装饰用材、用色。设计者：黄佳祎。

图 1-3-3　现代建筑多包含复杂的设备系统，该图片所示为上海浦东国际机场 T1 航站楼 VIP 候机厅的吊顶之上的各种设备系统管线和末端，将影响到整个吊顶的界面造型处理和空间形象。

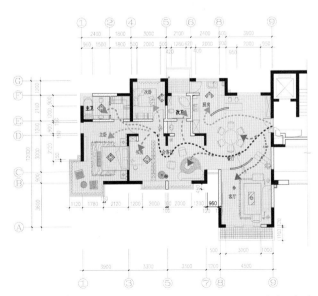

图 1-3-2　居住空间的设计分析图之一，通过室内的动线分析来理性判断空间组织是否合理。设计者：黄佳祎。

图 1-3-4　北京的 Song 餐厅酒吧，设计师充分利用木材这一传统的装饰材料切割成薄片后可以弯曲的特性，营造了有"梯田"效果的空间。

来建材新品层出不穷，给设计师和业主更多的选择余地。设计师应该主动扩大对新型建材的了解，掌握各种建材的特点、适用条件、装饰效果、大致的价格范围和相应的施工工艺要求等，根据业主的预算和既定的设计风格来选择搭配合适的材料，赋予空间特定的表情。当然，设计师对建材的运用还不能仅仅停留在传统的、程式化的方式上，对建材运用方式的合理再创造，也许能带来令人惊喜的空间新意（图1-3-4）。

5. 指导施工队伍、监督施工质量的能力：设计的理念和效果最终要靠施工人员依据施工图纸和现行的施工工艺标准来实现，施工人员的素质良莠不齐，对设计单位提供的施工图纸的理解能力有强弱之分，施工技术和经验也因人而异。虽然很多项目的质量控制主要由项目经理、监理来负责，但设计师也扮演着至关重要的角色。设计师应经常深入到施工现场，把设计意图向施工人员作详细介绍，帮助他们理解施工图纸，就重要部位的节点构造做法进行交流，确保从工艺上达到高品质。有时现场实际情况和设计图纸会出现

偏差，这也需要设计师来及时调整，而不能由施工队伍自行解决。

6. 运用软装饰来营造一定的室内氛围，改善或美化整体视觉效果的能力：软装饰设计包括家具或灯具的设计和选配，窗帘布幔的造型设计与材料选用，地毯的选配，软包织物及床上用品的选配，装饰、陈设品的选配，室内绿化及景观小品的设计和搭配等。当代室内设计已把绿色设计、低碳设计等可持续发展观融入其中，并作为一项重要内容加以大力推行，从而推动"轻装修，重装饰"观念为越来越多的业主和室内设计师所接受。大多数的软装饰是可以随主人的搬迁而被运到别处加以重新利用的；同时，软装饰在很大程度上有助于形成一定的风格，使得哪怕是同一标准装修的全装修房最终呈现出个性化的品位和特征（图1-3-5）。

7. 综合各种艺术与设计门类，"为我所用"的能力：室内设计是艺术和技术相结合的行业，从业的设计师不仅需要具备各种专业知识和技能，还应该具有较高的综合艺术素养，有敏锐的感知和捕捉艺术信息的能力，能从平面设计、产品设计、数码动画设计、服装设计、首饰设计、油画、雕塑、版画、国画、书法等各种设计与艺术学科的积淀和发展中汲取养料，创造性地把艺术的感染力渗透到室内空间环境艺术设计中去，这样设计才是真正有血有肉的。

总之，要成为一位室内设计师并不容易，而要成为一位成功的室内设计师就更加困难了。系统的专业教育不仅是为了培养合格的从业人员，更重要的是培养专业学习者具备较高的综合艺术素养和发展潜能，增强帮助业主发现问题、分析问题、解决问题的能力，并能探索和引领新的有益的生活方式。

图1-3-5 某一住宅的餐室空间中，家具、灯具、雕塑、壁画、花卉的选配突出深色和金色的对比，体现出内敛的奢华风格。

四、室内设计的程序与过程

室内设计是为委托设计的业主创造实用与美观的室内空间环境而提供的服务，由于设计内容涉及面广，因此需要通过一种系统化的工作步骤与设计程序来解决在此过程中可能会遇到的每一个问题，科学合理的设计程序是最终设计质量达到预期目标的保证。表1-4-1所列的是室内设计项目从签订委托设计合同开始，到工程竣工交付业主使用的整个过程中，应完成的环节和程序。其中列出的六个阶段，有着各自不同的工作重点和目标。

1. 设计前期

这个阶段需要为以后的设计和施工工作能有条不紊地展开而进行各方面的准备。首先，为了保障建设单位或个人（即业主）与设计单位及设计师的双方利益，就委托设计的工程性质、设计内容和范围、设计师的任务职责、图纸提交期限、业主所应支付的酬金、付款方式和期限等以合同条文的形式加以约定。双方签字后就成为规范和约束各方行为的具有法律效力的文件。有时这个合同也可能会晚些时候签订，即当设计项目属于较大投资时（一般投资额大于100万元），会先以设计招投标的方式出现，只有经过初步设计方案竞标后中标的单位，才能与业主签署委托设计合同。

不论是不是设计招投标项目，在着手进行初步方案设计前，都应该有明确的设计任务书，即明确设计范围和内容、投资规模、室内环境的使用人群、主要的功能空间需求、建筑内部空间现状与未来使用情况之间的矛盾点等。有时业主在委托设计时并不十分清楚他对室内空间的功能需求，或者不确定室内风格的偏好。如果是这样，设计师就应和业主进行良好沟通，加上以自己的

专业知识为背景的判断，帮助业主一起回答一系列有关设计定位的问题，从而拟定一份设计任务书。实质上，设计任务书的制订过程就是使业主和设计师明确设计目的、要求，在问题与限制条件及相应的解决方案上基本达成共识的过程。

在设计前期阶段还有一项必须进行的工作就是现场勘察。虽然在大多数情况下，业主会提供给设计师相应的建筑及配套工种的原始图纸，但现场的勘察复核仍是不可省略的，通过现场的实地勘察，设计师可以有更直接的空间感，也可以通过测绘和摄影记录下一些关键部位的实际尺寸和空间关系。有时，特别是一些住宅类室内设计的业主只能提供给设计师没有尺寸的房型图，于是现场测绘也就成为设计师获得精确空间尺寸的唯一途径。这些现场资料和数据将成为设计师下一步开展设计工作的重要依据。设计师应运用专业知识理性分析这些收集来的有关设计外部条件的数据，找出存在的问题或矛盾，以及相应的解决问题的方向。

①设计前期	签订工程设计合同（协议） 明确设计任务书 现场勘察与测绘、外部条件分析 设计内在因素调研分析
②初步方案阶段	草图和设计概念拓展 初步设计方案提交与比较 确定方案 初步概算方案的递交
③扩大初步设计阶段	修改深化设计方案 家具设备与主要材料的预选 配套设计设备与结构图纸 工程预算
④施工图设计阶段	提交完整的可供施工的设计图纸与相应的配套工种设计图纸 明确主要材料与家具设备选型要求 制订详细的工程预算
⑤施工实施阶段	施工图纸技术交底 现场指导与监理 参与选样、选型、选厂 软装饰、绿化、陈设等的设计与选配
⑥竣工阶段	参与验收 提交用户有关日常维护和管理的注意事项 追踪评估

表1-4-1 室内设计程序

环境空间条件是客观存在的影响设计的外因，而使用者的人的因素也是必须在设计前期进行深入研究的，因为室内设计的目的是"为人提供安全、美观、舒适、有较好使用功能的内部空间"，研究内容应包括空间主要使用人群的年龄、职业特征、文化修养、价值观、对私密性要求、对颜色和装饰风格的喜好、使用空间的行为模式等。设计师可以通过问卷调查、实地观察、面对面交流沟通等方式获得信息，并整理汇编成文件资料，作为设计的另一项重要依据。

2．初步方案阶段

经过设计前期阶段的工作，设计师应对设计目的和要解决的问题有了较为清晰的认识，明确了设计定位。在此基础上，应采用"集智"和"头脑风暴"的方式来尝试各种可能，快速绘制出草图，加上少量的文字，把对构思立意、各种理性分析、功能组织、空间布局、艺术表现风格等的思考表达出来。这一阶段应尽量少考虑条条框框的限制，而尽量多地提出各种方案，才可能经过充分的方案比较而获得最佳选择。

初步方案正式提交之前，应把前期的资料、本阶段的过程草图和最终较为清晰的方案成果整理成册，其中的图纸内容应包括功能分区分析图、流线分析图、景观视线分析图、平面布置图、顶面图、主要立面展开图、彩色透视效果图和设计说明等。业主在得到一家设计单位的多个初步设计方案或多家设计单位的多个方案以后，应邀请相关专家和将来的使用者一起进行方案的比较，从中遴选出最佳方案，并以此为依据确定最终的设计单位。对于非住宅类项目，设计单位应在汇编初步方案成果的同时，根据所提出的方案编制初步的概算供业主参考。

3．扩大初步设计阶段

对于投资规模不大、功能并不复杂的住宅类项目，这一阶段可以省去而直接进入到施工图设计阶段。但对于大多数非住宅类项目来说，尤其是经过设计招投标过程的项目，需要有方案进一步调整、优化的过程。在此阶段，应进一步对有助于设计的资料和信息进行收集、分析和研究，借鉴其他竞标方案中得到认可的内容，在此基础上修改、优化、深化方案。编制更为详细的文本，应包括设计构思和立意说明、设计说明、主要装修用材和家具设备表、室内门窗表、平面布置图、顶面图、立面展开图、重要的装饰构造详图和大样图、彩色效果图等。同时，应与结构（如果有改建、扩建分项时需要结构工程师的配合）、暖通、给排水、电气等配套工种设计师进行协调，解决好设备系统选型、管线综合等问题，设备对空间的要求应给予最合理的解决方案，并通过配套专业扩大初步设计图纸的形式呈现出来。另外，设计单位的预算员应根据该阶段的图纸计算并编制一套较为详细的工程预算书，一并递交给业主以供确认。

4．施工图设计阶段

扩大初步设计阶段的图纸经过会审确认后，就应进入到施工图设计阶段。设计师应清楚地认识到这一阶段的图纸是下一个环节——施工全面展开的依据，图纸的详细程度、完整性、准确性、可读性、规范性等因素将直接关系到施工人员对图纸的理解，并影响施工的最终效果和质量。图纸应包括设计说明、家具设备和主要装修材料表、室内门窗表、墙体定位图、平面布置图、地面材料铺设图、综合顶面图、顶面灯位布置图、立面索引图、立面展开图、有特殊工艺要求或指定施工做法的所有构造节点详图和装饰细部大样图，以及相应配套专业的完整的施工图纸。同时，设计单位的预算员还应根据最终的整套施工图纸编制一套详尽的工程造价预算书。

5．施工实施阶段

这是设计得到具体实施的阶段。虽然这一阶段主要由施工单位来执行，但设计师仍扮演着非常重要的角色。首先，在业主通过施工招投标的形式来选择施工队伍时，设计师需要给竞标的施工队伍解释关于图纸上的疑问，对于有 BIM 技术使用要求的项目，设计师有义务提供所需的电子版图纸；当业主确定下施工队伍时，在施工人员进驻施工现场开始正式施工前，设计师需要向施工单位进行图纸技术交底。接着，在整个施工过程中，设计师应定期到现场进行指导，及时处理图纸与现场实际情况不相符的情况，协调各设备专业管线发生的冲突、出具修改通知；同时也应参与质量的监督工作，参与各分项工程的验收，参与主要装饰材料、设备、家具、灯具的选择、选型、选厂；到施工末期，还应主导进行软装饰、绿化、陈设等的设计和选配，对于公共建筑中需要设置标识系统的，室内设计师应从环境的整体出发，给平面设计单位一定的意见或建议，例如标识的色彩、材质、位置、大小、形式、构造措施等。

6．竣工阶段

施工单位完成了施工作业，需要经过竣工验收，合格后才能把场地移交给业主使用。竣工验收环节，设计师也是必须参加的，既要对施工单位的施工质量进行客观评价，也应对自身的设计质量作一客观评估。设计质量评估是为了确定设计效果是否满足使用者的需求，一般应在竣工交付使用时及之后 6 个月、1 年，甚至 2 年时，分四次对用户满意度和用户—环境适合度进行追踪测评。由此可以给改进方案提供依据，也能为未来的项目设计增进和积累专业知识。另外，设计师应在工程竣工验收合格、交付使用时，向使用者介绍有关日常维护和管理的注意事项，以增加建成环境的保新度和使用年限。

由上可知，一个室内装饰装修项目从立项到竣工，设计在其中起了龙头作用，设计师是项目成败的核心，因此设计师的专业能力和敬业精神对项目都是至关重要的。

五、参考阅读文献及思考题

1.《世界现代建筑史》王受之 著，中国建筑工业出版社。

2.《世界室内设计史》约翰·派尔 著，中国建筑工业出版社。

3.《室内设计原理》陆震纬、来增祥 著，中国建筑工业出版社。

4.《美国室内设计通用教材》卢安·尼森、雷·福克纳、萨拉·福克纳 著，上海人民美术出版社。

5.《美国大学室内装饰设计教程》卡拉·珍·尼尔森、戴维·安·泰勒 著，上海人民美术出版社。

思考题：

1.室内设计的目的是什么？

2.现代室内设计的主要内容有哪些？

3.室内设计的基本特征有哪些？

4.室内设计项目应完成哪些阶段的工作？每个阶段的工作重点和目标是什么？

5.室内设计师应具备哪些能力和素质？

↗ 第二章

↗ # 室内设计简史

从主动地对建筑内部进行布局和装饰的角度来说，室内设计的历史可以上溯到史前时期。在漫长的人类发展史当中，室内设计与建筑设计一起，成为人类生活、信仰、思想的最佳载体和诉求对象。室内设计在区域的历史，呈现继承的、发展变化的和文化融合的三种特点，这三种特点是人类本身的特点，它们交互影响，产生室内设计历史中万千变化的迷人景象。室内设计的发展是有规律可循的：第一，遵循并体现人类文化发展进步的规律；第二，遵循文化语言逐渐变化的规律；第三，深受生存意识与思想形态的影响。

了解世界室内设计的历史，对于学习室内设计而言是一件重要同时也是有趣的事情。如万花筒一般不断变化的风格中，我们可以寻找到人类生存的真谛。通过对历史的研究，我们发现使生存变得更加安全、方便、舒适和有价值，是历史每一时期室内设计的共同目的，那么为何又会呈现如此巨大的不同？是历史的选择，还是人的选择？应当说每一段室内设计的历史现象都是自然环境、人文环境、思想与生存追求的共同作用的结果。每一段当下的现象都包含了以前历史的沉淀、积累，也有新的发展。所以，学习历史并非仅仅了解一些历史故事和名词，而是站在当前生存者和设计师的角度，体会、思考生存的一贯问题，在历史中寻找人类发展的因果关系，也为当下的设计提供更可依据的物质与精神的支撑。

本章对世界室内设计历史进行概括性的描述必然无法全面，因此描述的重点并不是各历史时期、各地区具体的设计细节特征，而是室内设计历史段落的总体特征和前后的历史因果关系。以协助学习者建立室内设计历史发展的大框架和整体关系，为室内设计学习提供必要的基础历史知识和历史逻辑。

一、19世纪以前的室内设计历史概览

1. 早期文明时期的室内设计

人类最古老的文明集中体现在北非和西亚地区、南亚与中国地区、中美洲地区，还有地中海北部的希腊半岛和岛屿。

北非和西亚地区的古老文明最为显著，主要有两个核心，一个是尼罗河流域的埃及文明，另一个是两河流域地区。北非和西亚这些地区由于温暖干燥并依赖河流，可以在人类物质手段极为有限的早期建立生存的较高级形式，并形成了颇富吸引力的建筑和其内部形态。

埃及的早期建筑以植物崇拜为基础，尼罗河流域的温和与泥土的肥沃构筑了早期人类文明的样板。埃及发展了最早的植物类建筑和纹样装饰，以土和植物作为建筑材料，致使公元前26世纪起到罗马时代来临前，埃及的全石质建筑的柱子和装饰始终保持着莲花、纸草花、芦苇等织物主题和要素（图2-1-1、图2-1-2）。古埃及的石材加工技术十分高明，现存的金字塔内部受风化影响很小，其石块垒砌间密不插针就足以证明这一点。这种对石材的精致加工和建筑模式是后来地中海及希腊建筑的范本和借鉴，古埃及空间艺术与设计的精确比例也为建筑审美的和谐打下良好的基础。埃及人乐观地期待并迎接来生，并积极地为此做充分的准备。因此从现存的埃及法老的坟墓内装饰和家具判断，古代埃及上层贵族用的建筑、室内应以明快鲜艳的彩色涂刷；墙面有象形文纹饰浮雕，也施以彩色；室内的家具种类较其他文明更加丰富而完善，椅凳、橱柜、床榻、架、几案等主要家具类型都已经具备，并且设计语言华丽优雅、构造合理精致（图2-1-3、图2-1-4）。

图 2-1-1 埃及卡那可阿蒙神庙多柱厅（约公元前 14 世纪）。柱头以"上埃及"的象征——莲花作装饰。

图 2-1-2 埃及卡那可阿蒙神庙多柱厅。在中央盛开的莲花柱头以外，侧廊多采用未开的莲花柱头。柱子全部装饰浮雕纹饰，纹饰以埃及象形文字为主。原本有鲜艳的红、黄、蓝、白等彩色涂料装饰，现已褪色。

图 2-1-3 吐坦哈蒙墓出土的宝座（公元前 14 世纪中叶）。采用乌木制作，腿足类似交机构造但更原始；整个椅子镶嵌黄金、象牙等贵重材质；装饰符号以自然动植物为主，具有明显的权力象征意义；油漆装饰色彩丰富、加工精致。

图 2-1-4 埃及神庙墙面的文字装饰，这在古埃及遗迹中十分常见，浅浮雕的纹饰记录历史、表达思想和期盼，是古埃及建筑装饰的主要手法。原本都以彩色装饰，现已褪色。

图 2-1-5 古苏美尔刻有 Nippur 地图的黏土板（约公元前 15 世纪初）。这是人类最早的城市地图，表示出了重要建筑如神庙、城墙等以及河流、水渠的位置，证明在两河流域这一时期已经有相当发达的文化和建造活动。

图 2-1-6 巴比伦尼布加尼沙二世宫殿御座室的墙面装饰（约公元前 6 世纪）。采用蓝色为主调的彩色釉面砖拼出植物与动物花纹，植物很可能是沙漠干旱地带的椰枣树，动物是西亚地区崇拜的狮子形象。

埃及的神殿表现了古埃及人最高的住宅理想，其平面组成与宫殿和普通住宅有相似的空间序列，基本上都按照门口、大厅、主室、卧厨的纵向序列连贯展开。神庙的墙面内外都有丰富的象形文纹饰浮雕，同样色彩绚丽。

两河流域地区包括安那托利亚、叙利亚、巴勒斯坦、美索不达米亚、伊朗等，在公元前8000年左右就产生了原始农业和畜牧业，并逐渐形成聚落。从留下的建筑遗迹看，早期的建筑材料同样是在自然界容易获取的土、木、石、苇等。两河流域的地形易攻难守，在历史上被许多不同民族争夺统治，文化的积累和发展呈现两大特征：一是防御特征，二是不同文化融合借鉴的特征。为了增强防御性，早期的聚落建筑大多比较密集，住家之间常常以屋顶通路连合成为整体。后来历代的建筑也常具有复杂的平面布局的特点。这一地区的建筑发展了最早的拱顶、拱券、扶壁和基本的建筑装饰技法。公元前5500年就已经具有长方体日晒砖作为建造的基本材料，并发展出相关的防水且牢固的屋顶和作为防水层的墙面涂料。随着建筑规模的扩大，公元前45—前30世纪，墙体采用耐久的厚墙和扶壁的技术不断上升，带复杂神龛的外墙和巨型柱列的神殿成为最具特征的建筑。两河流域还最早出现了上釉马赛克，是细长圆锥形，大头向外紧密地插入日晒砖外涂的黏土或石膏浆，具有装饰和加强牢度的双重作用。这些上釉马赛克不仅使墙面平滑坚固，还运用不同颜色创造出锯齿状或菱形等图案纹样的强烈装饰效果。根据考古的证据，两河流域公元前1500年的宫殿内装饰的主要形式是壁画。此地区因缺乏石材，建筑外部和内部也常用上釉浮雕砖作为墙面装饰。随着经济能力和建造能力的提高，两河流域在公元前数百年已经大量采用瓷砖和大理石来装饰宫殿、庙宇、城市道路等重要建筑，表现了宏大精美的建造风格（图2-1-5、图2-1-6）。

中美洲最早的聚落始自公元前25世纪至前15世纪。公元前12世纪，被称为奥尔美加（Olmecs）的宗教文明已经十分繁荣。以祭祀和神殿为中心，中美洲各地逐渐形成都市。建造的材料主要也是石材和日晒砖，也辅以植物建材。装饰采用的巨大动植物形象和几何形花纹具有强烈的形象和立体感，并加上鲜艳的色彩，因此具有非常夸张的视觉冲击力（图2-1-7）。自然崇拜使水火云雷、太阳月亮、鸟兽爬虫、植物花卉在雕刻中被复杂夸张地运用，在有的地区，装饰纹样可以占满墙壁而不留任何空隙。2世纪后，快速发展的古玛雅文明留下不少遗迹，玛雅建筑的装饰方法比较多，已经发现的装饰手法有马赛克装饰、粉饰灰泥雕刻、石块内壁雕刻、彩色壁画等等（图2-1-8）。室内装饰的题材与西亚地区区别很大，但是手段十分相似。这说明早期文明可资利用的材料和手段以及人类创造、劳动能力的发展有极大的相似性，都是自然材料性能与人类实践交互作用的产物。

图2-1-7 南美尤加敦半岛乌修马尔庙立面装饰（600—900年）。布乌克风格，雨神的抽象化脸孔与雷纹、十字纹组合在一起，视觉冲击力很强。原本有彩色装饰。

图2-1-8 玛雅文化的壁画装饰，表现持权杖的王者。

图2-1-9 河南淅川下寺春秋1号墓出土铜俎（公元前8—前5世纪）。为古代贵族进食用的几类家具，整体布满精致的镂空几何纹。

南亚地区的文明发展的时间很早，但留下的遗迹很有限，不足以说明其早期文明的建筑内部形式。中国的文物证据说明早期文明的建造形式同样以土、石材和植物材料为基础，可以追溯的早期证据为商代的铜器，同样是以自然崇拜作为装饰的核心。铜器上显示，在公元前的数个世纪，建筑的形式已经发展得比较轻巧，可以在高台之上建造楼阁。在运用自然土木石材的建造历史中，中国选择了向木造结构倾斜的方向，建筑中木材的运用广泛而多样，不仅如其他文明形式一样用在建筑顶部等需要减轻荷载的部位，也同样运用在承重和连接构件上。这样的建筑在历史中损毁消失，使对中国早期建筑的建造水平的判断变得比较困难。不过从可以依据的文献证据推测，木材和土是中国上古建筑最重要的材质，粉刷和油漆是建筑内外用来保护材料表面、增加美感的重要手段。"礼制"很早就被引进了中国建筑，因此室内设计的目的更多是为了符合并展现阶层的区别和权力的象征（图2-1-9～图2-1-11）。

图2-1-10 上海博物馆藏战国燕乐纹椭栖的纹样（公元前5—前3世纪）。表现贵族生活，建筑内家具简单，主要物品为储物、储酒的容器。

图 2-1-11　汉代柱式。无斗拱的柱式与西亚地区类似，有斗拱的柱式形制也并不统一。

古代爱琴海地区的早期文明包括了希腊半岛迈锡尼、小亚细亚的特洛伊以及爱琴海中的各岛屿地区。公元前3000年前的克里特岛文化就是这一地区发达经济与文化的证据。这个地区的早期文明十分世俗化，有住宅、宫殿、别墅、旅舍、公共浴室、露天剧场、作坊等各种类型的建筑，说明当时城市商业的发达程度。对遗留的克诺索斯（Knossos）宫殿和费斯特（Phaestus）宫殿的考古显示，建筑建造得开敞通风，墙体采用下部粗石砌筑、上部用木骨土坯墙的形式，木骨架外露并涂以红色，土坯墙外涂抹石灰或泥，表现出功能与审美的良好结合。发展到公元前20世纪中叶以后，采用较为方正的石块砌筑和露明木骨架装饰相结合的建造方法。木骨架还可以划定门窗、壁画等的位置。木框架和壁画上常有纹样装饰，主题多为植物花叶题材。建筑内广泛使用的上粗下细的圆柱也很有装饰性，柱头和柱础都是饱满的圆盘形状，柱头圆盘上为方形石板，下有一圈刻着花瓣的内凹圆线脚，柱身上有凹槽或凸棱装饰。迈锡尼的建筑以"大力神式砌筑"而著名，现存的证据虽然极不完整，但可以说明古代爱琴海地区的建筑内部做法比较接近，而石材的加工和叠涩穹顶砌筑的水平是比较高的。建筑内部用丰富的色彩和几何图案装饰，地面铺有装饰性的彩色地砖（图2-1-12～图2-1-14）。

图 2-1-12　希腊迈锡尼宫殿局部（约公元前20世纪）。上大下小的柱身和饱满外凸的柱头是典型的特征。室内装饰以彩色涂料、壁画为主，色彩具有明显的象征性。

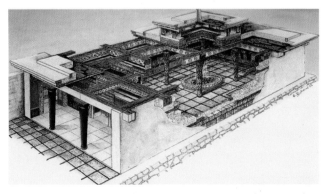

图 2-1-13　希腊迈锡尼宫殿正厅复原图。巨大的矩形正厅中央有火塘，有学者认为其内部墙面和柱子装饰有夸张的几何纹样，色彩斑斓，地面铺有装饰性的地砖。

图 2-1-14 克里特岛克诺索斯城的米诺斯王宫宝座厅（约公元前 15 世纪）。木构的多梁屋顶，墙面装饰彩色的壁画，主题为植物和动物，形象优美富于装饰感；宝座和长凳都靠墙设置，为石材建造，宝座带有精致的雕刻；地面为简洁的大块石材地板。

总的来说，上古时代的建筑不论源自哪种文明，其最重要的宫殿、神庙等建筑往往以生存群体崇拜的对象来装饰，通常也加以艳丽的色彩来装饰和象征其地位与价值。这段漫长的历史时期，室内设计相对于建筑象征与功能而言，还显得相对次要。为防御功能而采用的复杂难辨的建筑平面，为象征权力而在地位显赫的建筑立面上运用的雕塑，是那个时期建筑的主题。早期文明的室内设计表现出以下几大特征：①自然材料如土、石材、植物材料的充分利用特征。其中尤其以石材的加工和陶制材料的加工作为建造能力判断的标准。②彩色涂料的运用具有世界广泛的意义。以彩色涂料防水、美化、加固墙面并发展出壁画装饰，是早期室内设计主要的装饰手段之一。③室内的装饰手段很有限，除彩色涂料外，还有硬质材料上的雕刻、上釉陶制品饰面材料、天然石材面几种。织物及图案在室内的作用也可以想象，但由于材料的耐久性较差，我们今天只能作逻辑的推测而已。④重要的建筑内部多采用对称布局以形成纪念性的含义，有特殊的设计强调方位的差异。⑤植物材料与土、石都是早期主要的建材，但是随着建筑能力的发展，大部分地区仅少量地将植物材料运用在重要的建筑上或不用，而中国地区却发展了植物材料更重要的建筑功能。

2．古典文明时期的室内设计

早期文明集中的西亚及地中海地区在公元前 5 世纪之后进入古典文明期，在建筑上发展为两大中心，即伊朗中心的建筑形式和希腊中心的建筑形式。西亚地区辉煌的成就集中体现在拱券的运用和彩色上釉陶制材料的大量运用上，而希腊的成就更多表现在柱式的运用和装饰性雕刻的扩展上。随着亚历山大大帝在公元前 4 世纪远征东方，使希腊风格和装饰纹样波及中东和南亚，西亚的拱与希腊的柱式组合，成为这时期西亚建筑的特点。

希腊文明是西方古典文明的前期，建筑最典型的成就是严谨理性的"柱式"的演进。原流行于意大利氏族城邦的"多立克式"（Doric）和流行于小亚细亚共和城邦的"爱奥尼克式"（Ionic），随着多立安人和爱奥尼人移民希腊而逐渐发展成两种代表性的希腊柱式。希腊文化还包含了早期爱琴传统和古埃及的影响，建筑的矩形平面应该是早期爱琴传统的遗味，柱式严格的细长比以及依据柱式建立建筑严格的比例关系反映其受到埃及的影响。多立安人和爱奥尼人原本的木构建筑传统，在希腊石质神庙建筑檐座檐壁的语汇中也能找到明确的证据。两种最重要的柱式，"多立克"柱式追求刚劲、质朴、雄浑的审美和象征，"爱奥尼克"柱式则体现秀美、华丽、轻巧的审美意象。希腊建筑不惜耗费大量的人工实现建筑细微的尺寸变化以达到审美的精确与和谐。柱式和建筑体现的希腊理性精神与审美象征，正符合毕达哥拉斯（公元前580—前500年）、亚里士多德（公元前384—前322年）这些希腊哲学家推崇的数与秩序的审美原则，也成为后世评价希腊建筑"人性化"的依据（图2-1-15）。风格的成熟使希腊建筑在公元前5世纪具有了独特性、统一性和稳定性。建筑的种类和装饰性语言，随着希腊对外的扩张受西亚北非的文化影响而越来越丰富多样。公共建筑的类型受文化交流影响而增多，会堂、剧场、市场、浴场、旅馆、俱乐部、图书馆、码头都在城市出现并逐步稳定。发展出装饰性极强的"科林斯"柱式（图2-1-16），建筑的艺术手法趋于多样化。西亚的拱券技术和马赛克艺术都传入希腊，后者在希腊得到大力发展并达到了很高水平，著名的希腊回纹常常由马赛克拼贴用于室内装饰（图2-1-17）。希腊重要建筑内外部都以艳丽的色彩装饰，而红和蓝是最受欢迎的色彩；家具的发展似乎找不到可以超越埃及的证据，有限的绘画、雕刻形象中有椅子形象，造型优美，

但结构的合理性明显不足（图2-1-18）。从今天来回顾希腊的建筑，我们可以确认它不仅对后来的罗马形成深远的影响，在欧洲18世纪的复古运动和后来的现代建筑运动中，也都有很大的影响并得到高度的赞扬，其结合建造技术的美学逻辑和象征性，被后世反复研究和借鉴。

古罗马的建筑文化在征服希腊后全面地受到希腊的影响，从罗马柱式的创造与发展历史，我们可以清晰地看出希腊文明的影响是直接有效的。公元前2世纪至4世纪，罗马帝国逐步建立并不断扩张，控制地包括欧洲主要地区、北非，直至西亚。这使得广泛意义上的西亚和西方文化在罗马帝国得到综合和发展，因此罗马的建造工程具有高度的组织性和技术性，从城市到建筑内部的成就都十分卓越，罗马利用拱券和穹顶所实现的巨大的室内空间，不仅是对建造技术的探讨和挑战，也是对建筑艺术的非凡创造。罗马建筑与室内设计的集大成代表，有罗马神庙、浴场和法庭（巴

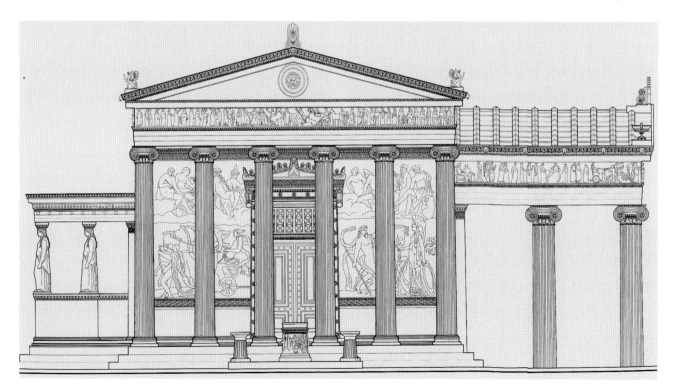

图2-1-15　雅典卫城（公元前5世纪）伊瑞克仙神庙东立面。有爱奥尼克和女像柱两种柱式。

西利卡，Basilica）。大型拱券和厚重墙体结合柱式支撑起来的罗马大型公共建筑，具有巨大的空间跨度和恢宏的室内尺度，大理石、陶砖、马赛克和彩绘壁画装饰的室内，具有厚重的几何形线脚和丰富的动植物雕刻与纹样装饰（图2-1-19）。矩形的巴西利卡建筑平面以中央大厅和侧面拱廊组成，中间空间较高，可以开设高侧窗采光，形成对后世教堂建筑影响最大的空间形态（图2-1-20）。罗马建筑发展了著名的半圆形罗马券、筒拱，解决了券制作过程中中心支架离地制作和重复使用的问题，解决了发券构造的侧推力问题，发展了半球形穹顶构造。此外，火烧制造的罗马砖和运用天然水泥（火山灰）制造的混凝土，也都在建筑发展中发挥重要的作用。总的说来，罗马建筑的室内设计注重功能的有效舒适性和装饰的美感。浴场所具有的多功能组合的空间、温度光线调节的能力和华美装饰就是最好的证据。公元79年，因维苏威火山爆发而定格的庞贝古城和赫库兰尼姆城的发掘，显示了以绘画、绘制仿石材线脚和马赛克装饰墙面的住宅室内，墙面装饰多上下分成几段，几何形的框架内再装饰带状或面状的纹饰，色彩上罗马人喜爱朱红色、黑色和金色。罗马的家具品种也比希腊时期丰富而且喜好装饰细部。可以说古罗马时期已经形成融合便利、舒适、美观的室内设计基本观念（图2-1-21）。

3世纪，西亚地区发展了更为进步的拱券和穹顶结构。沙桑王朝建筑采用巨大的半圆的筒拱形穹窿，还出现了在正方形大厅的四角交突角拱，使空间可以由正方形向八角形发展，进而上收接近圆形，上面再加建圆形穹顶。圆形穹顶的直径可以达到13—18米。建筑的纪念性被大大加强，而这一时期拱券和穹顶结构的发展影响了后来的伊斯兰建筑和拜占庭建筑。

图2-1-16 罗马维纳斯神殿遗迹。采用装饰性强的科林斯柱式。

图2-1-17 古希腊室内主要的装饰纹样，称为"希腊回纹"，有许多变体，通常用马赛克镶嵌而成。

图2-1-18 希腊希吉斯妥石碑的浮雕（约公元前5世纪）。这把希腊椅子带有向外弯曲的腿足，靠背与后腿形成优美的S形弯线，前面还带有踏脚。

图 2-1-19　古罗马卡拉卡拉浴场（3世纪初）复原图。室内空间跨度很大，墙面、地面装饰几何纹样的大理石、陶砖、马赛克等，顶部有井格状的厚重线脚和浮雕装饰。空间光线充足，罗马拱券有巨大的墙体和科林斯柱支撑。

图 2-1-20　古罗马图拉真市场（2世纪初）。平面为巴西利卡基本式样，中央大拱顶、两侧下层拱券通向不同的店面空间，上层拱券可以采光。

图 2-1-21　庞贝城维蒂住宅局部（79年）。墙面装饰色彩艳丽的壁画，画面以许多精致的建筑装饰细部分割并装饰墙面；带有透视感的建筑图案成为精致的墙脚装饰画，产生空间的延续感；墙面中心为神话题材的绘画。色彩丰富，以艳丽庄重的红、黄为主色调。

东方古典文明时期的室内以中国为代表，不过中国建筑文化的发展与西方相比具有很强的独特性和自我完善的能力，是在有机自然主义思想的平台上追求等级制度化的结果。在长时间内保持相当的稳定和渐进的发展。中国自秦始皇统一延续到汉代四百多年间，"礼制"社会的发展在建筑和室内设计上烙下深刻的烙印。严格的等级制，建筑内外的形制、用材、用色，形成一套完整独特的建筑体系。今天虽然没有明确的秦汉建筑和内部形象留下来，但是根据考古证据，可以发现这一时期中国建筑的室内布局比较简约、讲究方位；席坐起居的方式下家具的种类不多，以席为主要家具，上层人生活辅以几案、架、箱匣等；宫室建筑色彩以红、白、黑为主，木质构件都髹漆，髹漆家具喜好龙凤图纹彩绘或雕刻装饰，体现权力的象征和生活的享受，水火云雷纹、植物纹也比较常见，整体上呈现色彩端庄、丰富和装饰精美的特点（图2-1-22～图2-1-24）。

希腊和统一罗马帝国时期是西方文化辉煌的古典期，对应中国的秦汉时期。这一时期的建筑明显突出扩张性的国家权力和等级分化，注重建筑语言的严谨和象征性。对建筑的尺度、比例追求规范和宏大优美，对应的室内设计有这样一些发展特点：①与建筑形成良好的呼应和完整的体系。②布局简约而具有明确的象征性，对等级、秩序有明确的表达。③家具种类较少，但是追求装饰的美感和优雅，运用的装饰主题有来自自然崇拜的延续，但大量增加了对人性价值的歌颂，西方是以人的形象作为直接表达的对象，中国则是以民族的象征图腾为诉求。④色彩的使用也带有明显的象征含义，有趣的现象是罗马帝国和中国汉王朝都对红和黑色情有独钟。

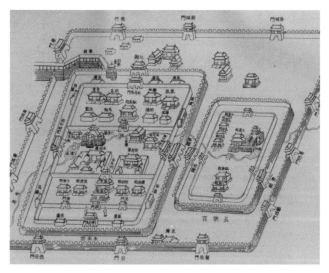

图2-1-22 汉长乐宫未央宫图，展现汉代建筑技术的发达。

图2-1-23 湖南长沙出土汉代漆盘。做工考究、色彩艳丽，说明汉代的髹漆工艺已经达到相当高的水平。

图2-1-24 汉代画像石中的纺织器具，说明汉代的造物能力比较高。

3．中世纪时期的室内设计

古罗马帝国在313年正式接受外来的基督教为国教，5世纪初分裂成东西两个帝国。西罗马在国家经济和外族入侵的双重压力下很快走向灭亡（410年），而东罗马帝国则在拜占庭继续辉煌了数百年。东汉末年至宋建立前，中国受到持续不断的外来文化深刻影响，包括外来宗教、外来军事和政治力量入侵，原生文化受到极大的冲击和影响。"中世纪"是对西罗马帝国毁灭后欧洲文明的动荡混乱的描述和抽象概括，事实上"中世纪"的主要特点是人性被压抑，宗教神性被大大扩展的一段历史，西方辉煌的原生传统被移栽到拜占庭并与西亚文化结合，欧洲本土则在宗教推崇苦行压抑的精神指导下放弃了现世的享受，使除了教堂以外的建筑和室内都沉陷于谨慎的朴素当中。这段历史的主题，宗教思想成为建筑和室内设计最重要的题材，这在西方主体文化中是非常凸显的特点；而中国则进入了一个时间长达700年的过渡期，原生文化和思想与外来宗教（佛教为主）、外来文化（中西亚、北亚）深度交融，表现出室内起居方式也带有明显的宗教影响的特点。

基督教需要集会进行宗教仪式和宣讲宗教教义，因此欧洲早期基督教建筑直接借用原巴西利卡（法庭）建筑发展了起来。罗马柱式、彩色大理石装饰、壁画、马赛克镶嵌画等原有建筑的装饰手段，也都被快速大量地运用于基督教堂。罗马柱式被较多地运用在教堂内的主要有罗马帝国时期流行的科林斯柱式和爱奥尼克柱式，壁画则转变为宗教题材的。地面也以大理石铺装，装饰成几何图案造型。罗马帝国时期即有的圆形或八边形建筑也会出现在基督教堂平面中，但数量不多。宗教建筑室内设计中会布置成朝东（圣地）的明确方向性，连续的拱券直接落在带不连贯的

短檐板的柱式上的做法，也在罗马帝国晚期开始流行（图2-1-25）。

图 2-1-25　圣莎比娜教堂（422—430 年）。神坛区域平面向外半圆形突出是早期基督教教堂的特征。

图 2-1-26　伊斯坦布尔圣索菲亚大教堂（532—537 年）是拜占庭最具代表性的作品。巨大的中央穹顶约有 32.6 米，在穹顶基部密排的 40 个小窗映衬下犹如飘浮于空中，圆顶落在帆拱上创造了方形空间与圆形穹顶的最佳结合，开在空间上部的窗给空间带来梦幻神秘的光影效果。

迁都于拜占庭的东罗马帝国（330 年）才是罗马帝国的主体，由于越来越严重的经济危机，君士坦丁大帝希望借助西亚的财富振兴罗马，从而形成罗马与西亚文化交融的新中心帝国。拜占庭的基督教堂是极为恢宏壮观的，运用了西亚在 3 世纪发展起来的新的穹顶技术，帆拱支撑的巨大半球形穹顶与下部连续的拱券和柱式形成迷人的室内空间，而复杂华丽的马赛克和大理石装饰使得内部呈现出极其灿烂的装饰效果（图 2-1-26 ～图 2-1-28）。而东罗马帝国快速崩溃后，欧洲进入了漫长的"中世纪"，武力对区域的控制代替了中央集权，防御性强的城堡建筑大行其道，封建领主与农户在城堡内形成互利的关系，城堡建筑内部的特点是空间曲折，家具简单、轻便、实用，装饰带有明显的罗马风特点。罗马风最大的特征是半圆的罗马拱券，8 世纪末至 9 世纪初，因理查曼大帝的统治而命名的"加洛林式"（Carolingian）就是罗马风的代表，这时期发展出的将教堂圣坛外凸成半圆空间并环绕以半圆形走廊和放射状的多个小祈祷室的做法，成为以后法国教堂的典范。罗马风时期，原巴西利卡式的教堂平面被发展了，除了前面提到的圣坛作半圆形外凸，在德国还发展出"西前厅"做法，巴西利卡的侧廊也向外发展出耳堂和钟塔等附加外凸的空间（图 2-1-29）。另外，城堡室内出现了装饰和保温双重作用的挂毯，成为后世窗帘的先兆。家具的品种较少，形式简单。有靠背的椅子只为贵族和主教等上层所享用，中层人士使用长凳或箱形物就座。到 11、12 世纪，装饰复杂华丽的柜子成为家具中最重要的物件，色彩艳丽的帷幕和床帷成为室内装饰重要的元素。普通人家的室内只有简单粉刷的墙面和木本色的凳子和床。

伊斯兰教的传播经过北非，在 11、12 世纪明显影响南欧，西班牙、意大利和法国都受到明显的影响，"摩尔"风格在罗马风时期已经产生影响，尤其在西班牙，从 8 至 14 世纪都留下风格鲜明的伊斯兰建筑，罗马柱式与伊斯兰拱券的结合优雅美丽，在杜绝具象形象的伊斯兰宗教空间里，抽象的几何图案被极致而充分地运用，装饰的美感甚至超越具象壁画。色彩上主要运用蓝、绿、白、金，显得清新华美（图 2-1-30、图 2-1-31）。

图 2-1-27 伊斯坦布尔圣索菲亚大教堂柱式，体现了拜占庭时期精美的建筑工艺。

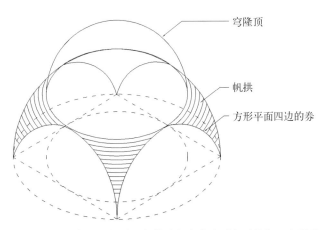

穹隆顶

帆拱

方形平面四边的券

图 2-1-28 帆拱的构造。帆拱犹如在半球形上以径切正方形垂直切割后剩下部分的造型，使下部支撑穹顶的拱券与穹顶的接触可以视为一点。这样上部巨大穹顶的重量被分解到四角，支撑穹顶的大拱券下的空间就释放出来，形成更灵活的空间。

中世纪晚期，欧洲本土发展了被后世称为建筑极致的"哥特"建筑风格。高大向上延伸的教堂、尖拱、彩色玻璃，形成中世纪建筑的整体印象。彩色玻璃与 H 形断面的铅条拼装组合成精美艳丽的教堂大玻璃窗，赋予空间斑斓梦幻的色彩；尖拱的使用则更加广泛，除教堂外也大量运用在城堡、市政厅和其他世俗性建筑当中，因为尖拱券可以满足在各种形状的矩形平面上起拱券的要求，并且无论矩形平面的边长相差多少，拱券的尖端都可以建造得一样高。尖券的使用使肋骨拱顶被大大发展，拱顶由肋骨分划成多个三角形，然后再进行填充，这种做法使哥特教堂给人最深的印象就是密布的肋骨形成的高耸空间。哥特风格还创造了自己的装饰语汇代替原来的古典柱式和线

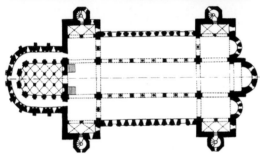

图 2-1-29　德国圣米开尔教堂（1010—1033 年）内部及平面，表现出罗马风时期传统的巴西利卡平面得到丰富和发展。罗马拱券直接落在带短檐的柱式上也是罗马风时期比较常见的做法。

图 2-1-30　西班牙科尔多瓦大礼拜寺（785—987 年）。柱子上部红白双色的拱券是典型的"摩尔"风格，这种建筑语言在中世纪的法国也能见到。

图 2-1-31　西班牙格拉纳达的阿尔罕布拉宫狮子院（14 世纪中晚期）。精致繁琐的雕刻装饰充满墙面，与简约的柱身和地面形成绝然的对比，产生如梦似幻的效果。

脚，典型的是弯卷的三叶饰和四叶饰花饰，雕刻的形象常常是怪诞恐怖的兽形。由于石造建筑在这一时期的发展，结合几何计算的石头切割和装配成为哥特艺术的核心基础，其材料运用的真实和高妙直到今天也让人叹为观止。不过哥特教堂的形象并非想象中那么一致，而是在不同地区有相当大的差异，主要体现在构造结合装饰语汇的运用上有不同的方法。因此，欧洲各国都有独具特点的哥特教堂引以为傲（图2-1-32～图2-1-34）。哥特时期的室内还发展了攒框镶板的装饰技术，尖拱语汇在这样的构造里也出现，墙饰面、门窗都可以用攒框镶板的方式制作，并且边框和嵌板都可以增加雕刻细部和线脚，使室内感觉更温暖和富于装饰性。为此，木刻技术也成为高度发展的手工艺形式。

中国建筑的室内在汉末至宋代以前也同样出现复杂的变化和长足的发展。佛教和外来文化的影响逐渐改变了传统的起居方式，盘腿的跌坐形式和尺度高的床榻成为社会上层推崇的新形式，这为室内布局和家具类型带来新的面貌，胡床、墩、长凳的使用由上至下渐渐得到接受，椅子的形象也出现了，但只少量运用（主要还是佛教徒使用）。外来游牧民族的审美使这一时期中国的室内空间更注重装饰和色彩的华美，髹漆家具得到大力地发展。佛窟壁画在一定程度上表现出了这段时期的建筑和室内特点，大型床榻家具的运用，是可以确定的室内特征之一（图2-1-35～图2-1-37）。

这一时期的东西方建筑都受到宗教的深刻影响，西方比中国表现得更加凸显。室内设计的特征主要有：①区域原文化传统受到外来影响或与外来文化结合发生转变，传统装饰手法被赋予了新的装饰题材。②建筑技术与构造有较大的进步，对室内设计功能提出更高的要求。因此在建造手段和装饰手法上，表现出功能化的倾向。③家具品种有所增加，上层社会的家具追求新颖、制作精良、注重装饰，一般民众使用的家具则简朴、便利。④对宗教信仰和神性价值的歌颂，使宗教建筑成为建筑中最重要、装饰最多的品种。宗教建筑的室内使用一切方法来提升价值感，因此空

图2-1-32 巴黎圣夏佩尔小教堂（1242—1248年）。辐射式哥特教堂的代表，建筑主要构件细长，将墙面留给大面积的着色玻璃，使教堂像一个闪闪发光的圣物容器。

图2-1-33 林肯大教堂（1185年后重建）。其"疯狂的穹顶"被后世的教堂模仿，如14世纪英格兰德文郡的埃克塞特大教堂就采用了几乎一样的顶部构造。

图2-1-34 法国亚眠主教堂（1220—1288年），是法国最高的教堂，哥特风格的典型代表。

间构成趋于复杂，装饰华丽。⑤色彩的使用以高纯色为高贵，色彩运用丰富多样化。

4. 文艺复兴到洛可可

"文艺复兴"被认为是西方文化出现"现代"意识的开始，英国学者阿诺德·汤因比则提出是本土古典文化复兴的观点。从社会现象上来说，一种蔓延的人文主义思想逐渐占据上风，人权、乐观主义、享乐人生的观念渐渐越过宗教自我约束的界限，伟大的艺术家作为象征可以成为"文艺复兴"的代名词。中国则是在唐宋变革期后重新构建了传统思想文化的大厦，本土原生的有机自然主义和儒家思想被复兴并获得更大的活力，从而有效地服务于高度发达的农耕文明社会和君主专政及官僚体系，平民获得了前所未有的生存发展并受到重视。研究唐宋变革的日本学者内藤湖南及其追随者也曾提出中国在宋代进入"近代"社会形态的观点。两种迥然不同的文化体系，都在外来宗教深入影响数百年后产生了宗教影响前文化的复兴运动，这种生存者本体对古代文化的反溯，是为了找到一种同样根深蒂固的力量来改造已经固化的当前社会架构和体系，使社会的进步可以为人的生存和发展提供有效支持。

欧洲的文艺复兴以对生存环境舒适和美的巨大扩展，呈现一出出精彩的艺术盛宴。古罗马的柱式、建筑形态和装饰，成为新创作的灵感来源。文艺复兴时期，建筑空间的功效、舒适和家具的使用范畴，都比中世纪有显著的提高。在室内设计语言上，文艺复兴并非对古罗马的复制，而是在理解罗马建筑的基础上进行大胆的创作。文艺复兴早期，室内有一个典型的特征就是将罗马拱券（半圆拱券）落在柱顶带一小段檐部的柱式上面，这种做法在基督教时期早期和拜占庭建筑中已经出现，但并非罗马风格的常规做法，在文艺复兴早期却成为典型特征（图2-1-38）。随着对罗马建筑的深入理解，文艺复兴的建筑和室内呈现出更成熟自然的罗马气质，室内大量运用罗马建筑的语汇，壁柱、线脚、檐部特征，都被引入室内用作装饰，另外由于透视画法的进步，室内也常常采用绘画模仿表现进深的空间感和逼真的立体感。室内的细木镶嵌和石膏装饰线脚工艺越来越精致，对财富集聚下不断发展的商人新贵而

图2-1-35　河南洛阳宁万寿墓北魏会饮图画像石（4世纪）。画面中心为带火焰纹的大型床榻，榻上有三面围屏；榻前放置低矮的案几，带弯曲腿足，几面为攒框镶板做法；床榻整体上部有华丽的帷幔，顶部带莲花和火焰纹，说明外来宗教如佛教、火祆教的影响。

图2-1-36　唐代《宫乐图》宋代摹本局部。展现垂足坐逐渐成为贵族阶层的时髦方式，高大案几、墩、凳等家具饱满华丽，常带有壸门装饰线脚以及镶嵌、流苏等。

图2-1-37　五代《重屏会棋图》，周文矩绘。在唐末到北宋初年之间，室内设计和家具的发展有了明显的进步，高制家具成为社会上层流行的方式，垂足坐起居呈现逐渐被广泛接受的趋势。

言，恰好是满足其求新心理和显示身份的最佳手段。文艺复兴晚期走向了手法主义，是在更自由的创造氛围中寻找突破传统的可能，如米开朗琪罗（1475—1564年）就是最具代表性的文艺复兴艺术家，他的室内设计往往雕塑感很强，寻找活泼并具有冲突感的个性创造。古典元素在手法主义设计师那里被非常规地应用，有时甚至是拥挤于一个空间中彼此冲突，设计师也喜爱运用绘画的方式制造空间的错觉，表现对古典语言变形、突破的渴望（图2-1-39、图2-1-40）。文艺复兴设计师从古典当中学会的最重要的设计原则，是严谨的比例所创造的和谐关系和美感，最具影响的文艺复兴建筑师帕拉迪奥（1505—1580年）就创造了创新古典的高雅内敛的审美情调，可以说是对古典主义更完整成功的回应。室内重要的组成物——家具，在文艺复兴时期有较大的发展，一是种类增多，富裕人家喜好用各种家具装点陈设室内空间，椅子的品种和使用场合明显增加，雕花大衣柜继承前代传统成为更广泛意义上的身份财富象征物；二是家具的装饰越来越普及，雕刻镶嵌甚至绘画都被运用于增加家具的价值和美感（图2-1-41）。

文艺复兴手法主义的发展导致巴洛克风格的盛行，"巴洛克"是建筑雕塑感、动感、夸张的视幻效果、特异效果设计的概括名词，与文艺复兴比较而言，巴洛克对人文、对自然的歌颂，具有更强的表现力和吸引力，从而为民众所热爱推崇。巴洛克的装饰富于弹性、饱满浪漫，来自自然的装饰语汇在斑斓的色彩映衬下具有很强的视觉冲击力，相应的空间设计也喜好采用复杂的几何形，因此椭圆、卵形成为更受推崇的建筑平面形式（图2-1-42、图2-1-43）。

意大利的文艺复兴及延续的发展要比相邻的地区早50至100年，其影响极为深远。法国随之而起的文艺复兴运动造就了辉煌而精巧的建筑风格，严谨的比例和华丽的装饰中带着明显的傲慢和冷漠，这种内敛和秩序的特征一直带入了法国巴洛克和洛可可阶段，庄严与雄健代替了浪漫

图2-1-38 佛罗伦萨圣洛伦佐教堂（1421—1428年）。伯鲁乃列斯基设计。

图2-1-39 佛罗伦萨劳伦廷图书馆门厅（始建于1524年）。米开朗琪罗设计。拥挤冲突的空间、独特的三角山花的假窗都是手法主义的典型特征。

图2-1-40 曼图亚的德尔特府邸巨人厅（1525—1535年）。文艺复兴手法主义大师朱利奥·罗马诺的作品。建筑的构件和细部被组织进画面，表现出一种对古典原则戏谑式地运用，带有舞台感。

图 2-1-41　钻研的圣奥古斯丁画像（约 1502 年）。画面表现了文艺复兴时期典型的室内设计，墙面带木质护墙板和线脚；门窗都带古典风格的线脚装饰；顶部呈方格藻井装饰；家具类型较中世纪多样化，椅子的运用比较常见。

图 2-1-42　威尼斯公爵府议会大厅（16 世纪）。顶部和墙面夸张动感的线脚几乎淹没了绘画，金色和深色是巴洛克风格喜好的色彩关系，显得浑厚而雄壮。

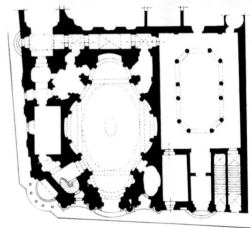

图 2-1-43　罗马四喷泉圣卡罗教堂（1634—1643 年）及平面。波罗米尼设计。椭圆发展出来的平面使空间带有强烈的动感，饱满和张力是巴洛克追求的审美体验。

夸张，成为法国路易十四及以后宣扬皇权的有效手段。16 至 17 世纪，法国建筑的发展，不断趋近严谨的古典主义，最终成为欧洲最具时代特征的"新古典主义"的核心。新古典主义建筑的内部特征常常被称为"洛可可"风格，洛可可丰富的装饰和自然主题的流动线脚是其最大的特点。比起巴洛克，洛可可不强调特异和冲突夸张，而是更专注于优雅华美和舒适性。色彩上多用明快的浅色调和金色组合，装饰线脚纤细柔和、层次丰富，有时甚至可以称为是简约的。巴洛克到洛可可时期的家具发展也很有特色，巴洛克家具是与巴洛克建筑配合的，因此大多尺度大、厚重华丽，有复杂饱满的装饰；洛可可家具则以纤巧、明快、淡雅取胜，到路易十六时期，更趋向简约的直线和几何形。这一时期的家具很可能受到来自东方的家具影响，古希腊、古罗马遗址的发掘也使希腊装饰、罗马色彩成为某些室内装饰的风格取向（图 2-1-44、图 2-1-45）。

文艺复兴以后的欧洲室内设计发展始终不偏离古典复兴的轨道。在借鉴、研究古典的同时，欧洲各地发展出严谨比例与古典柱式、拱券基础之上的新建筑语言，室内设计也是在这样的背景下向更舒适、更具审美价值的方向发展。古典线脚和源于自然的新创造纹样大量、充分地运用在室内空间，顶部、墙面、门窗、地面形成完整一体的装饰体系，

图2-1-44　德国班贝格城十四圣徒教堂（1742—1772年）。空间设计的巴洛克语言与洛可可装饰融为一体，表现出巴洛克与洛可可在风格上的历史渊源。

图2-1-45　巴黎朗贝尔公馆客厅（18世纪）。洛可可装饰显得典雅、细致，与新古典主义的建筑相得益彰。洛可可的用色谨慎和谐，并带有明显的女性化倾向。

建筑语言经过改良在室内不断重复加强。

中国宋代以后的建筑和室内设计从未像欧洲建筑和室内那样进行风格和社会发展意义上的研究和细分。虽然，我国历史现象与西方差异极大，但在人文发展规律上还是具有相当的可比性。欧洲在15世纪才走出中世纪的桎梏，呈现人文复兴的曙光，而我国在东汉后仅仅过了约七百年，就开始了全面的本土人文复兴运动。960年，北宋建立，标志着原生传统文化的复兴和新社会结构的兴起，皇权专制与官僚体系建立牢固的同盟关系，国家平民的地位提高，城市大发展，社会财富快速积累。建筑在宋代全面成熟，高制家具也取得正式的地位成为主要的家具形制，对应的室内设计趋向复杂化。空间根据明确的使用功能细化和分类，家具的摆放有固定的搭配并向成套化发展。室内墙面并不作复杂的装饰，空间布局追求舒适便利，社会上层使用的家具制作优雅精良，往往以家具对空间进行分割和装饰。发展到明代，室内设计和家具达到顶峰，"明式"家具在世界家具史上可以说是极为经典的优秀作品，将功能、技术和美学完美地融汇于一炉，造就了将人生哲学融汇于造物的典范。"明式"的极致在清代有了新的变化，转向更具丰富装饰内涵的风格，被后世称为"清式"，在精神和气质上与欧洲的巴洛克、洛可可比较相近，也同样是为了突破传统而进行的形式化演变。室内设计随着社会的发展越来越具有装饰化、复杂化的特征，墙面装饰在我国古代历史中一直不占主角地位，但以木质为主要材料的框架结构建筑，墙体原本就可以制作得富于变化、轻巧、美观，有的墙面大面积雕花木板的落地门窗，已经极富装饰美感。因此装饰在中国建筑内的发展始终与原本的构件和功能紧密结合，建筑和家具都具有真实和美观结合一体的审美价值，

图 2-1-46 《韩熙载夜宴图》局部，原作为五代顾闳中绘，此图可能是北宋摹本。高制家具在贵族家庭成为日常用品，家具形制简约、构造合理，在室内还承担空间分划功能。主要类型有屏风、座椅、床榻、柜架、桌案等几类。室内空间的色彩稳重淡雅，家具常采用深色髹漆制作，与粉墙、砖石地面形成明度对比关系。

图 2-1-47 《瑶台步月图》，南宋陈清波绘团扇。垂足坐起居成为跪坐、跌坐后第三种正式的起居形式，建筑室内的布局依据使用要求，床榻依然是生活中心之一，不过桌子与凳或椅子的搭配成为生活中心的另一种形式。南宋时期家具成套地制作已经普及。

图 2-1-48 河北省张家口市宣化区下八里村 6 号辽墓壁画《茶作坊图》。高制家具已经普及到民间。

图 2-1-49 《人物故事图》局部，明代仇英绘。家具制作精良，室内装饰丰富，简约中体现婉约细腻。

体现儒家的仁、智、礼、义、信和道家的有机自然主义观念（图 2-1-46 ~ 图 2-1-49）。

总的来说，中西方文化都经历了本土原生文化复兴的过程和形式化设计的发展变化。这段时期中国开始得早许多，又结束得晚许多，这是因为中国传统思想具有的有机整体特点和完整的人生哲学搭建起来的社会思想结构，具有极强的自我修正和适应性，使社会的发展规律具有非常独特的性质，而将生存哲学融入建筑和室内、家具，也是我国建筑发展的重要本质。室内设计在这段历史中主要表现出以下特点：①在传统文化复兴条件下，人文主义得到大力加强，表现出室内设计在装饰性、舒适性和吸引力上的大大加强。②古典要素得到主动的研究和欣赏，也在此基础上进行大胆的创造和变化。③寻求突破传统的尝试使设计走向形式化，在设计上表现出极尽可能的装饰堆砌和复杂手法，彰显一种享乐主义的人生观和凸显地位权力的表达方式，也带有一定的民族主义的倾向和审美诉求。

5. 西欧的振兴到复古思潮

欧洲的早期文化发展比较集中地体现在与西亚、埃及发生密切联系的区域，而西欧远端的国家似乎一直不属于欧洲文化的主流，但是这些国家的设计发展也同样重要，而且在被纳入主流发展轨道时具有很独特的自身特征。17世纪以后，西欧国家进入了振兴和快速发展的轨道，借助海外殖民统治积聚的财富，西欧大部分国家都摆脱了在欧洲落后蒙昧的边缘地位，欧洲文艺复兴运动开启了这些国家在精神文化领域发展的大门，呈现出一股对后世设计有巨大影响的强劲的新势力。

荷兰和比利时地区首先扩展了文艺复兴的设计语汇，宗教教义的冲突使这一地区的设计将简朴与奢华混合并重新解释，逐渐形成简洁而典雅的设计格调。室内设计发展出精致而富于美感的浮雕细工，条状的装饰语言由石膏或木材制作，用来装饰顶部和墙面，柱式和线脚等建筑语言则少量地用在室内细部，使空间产生简洁大方典雅的视觉效果。这些地区的室内设计去掉了意大利文艺复兴堆砌厚重的观感，表现出清新简雅的性格。陶瓷彩砖也被运用在线条形装饰要素中，特别是带有装饰边的独立花纹的瓷砖，成为荷兰出口英美的著名商品（图2-1-50）。

这些被称为低地国家的地区与英格兰有密切关系，因此英国在这一时期的设计也明显地带有简朴而雅致的特征。从都铎到伊丽莎白女王时代，室内的顶部都喜好采用细巧的石膏几何图案装饰，素净而不缺乏细部，对称的空间常以木质或墙纸墙面装修，装饰细部同样精致而又有节制。17世纪初，英国的设计开始引入较多的复杂雕刻和线脚，空间的相对简约和细部的精雕细刻形成良好的视觉对比，丰富的木镶板装修与石膏装饰的顶棚成为英式的经典特征。英国的家具发展有自己的独特性，海外殖民统治带来巨大财富的同时也带来东方文化的影响，因此英国家具在造型和腿部修饰上有更加突出的发展，对木材的选择和要求也比较高，常常运用木材本色形成室内色彩的基调。18世纪初安妮女王时期，家具的造型趋于实用、舒适、朴素、小型，但精致点缀的雕刻、镶嵌起到画龙点睛的效果。18世纪中叶起，英国的设计走向严谨的新古典主义，空间讲究序列，装饰更加精巧。城市住宅出现为新兴市民和经济基础雄厚的新贵设计的高级公寓，对应的室内设计出现新古典风格的标准化配置设计，卫生间、油灯、壁炉都逐渐采用新时代更加先进的理念，具有现代功能空间的雏形，方便、安全、效率的理念逐渐参与到美观和秩序的传统观念中。18世纪中叶还出现了"中国式"的风格名称，是由从中国舶来的茶、家具、瓷器、墙纸、丝绸的兴趣发展出来的混合中国传统装饰元素的室内风格。中国家具的语汇也被纳入英国洛可可样式的家具和室内设计中，著名的齐彭代尔（Chippendale）风格就是此类风格的代表。中国家具的榫卯和精巧的结构也对英国乃至欧洲的设计产生深刻的影响。18世纪乔治王朝时期，英国发展了相当数量的构造严谨、造型优雅并带精巧机件的家具，在历史上颇受赞誉（图2-1-51、图2-1-52）。

相关的殖民地地区的设计明显受到来自欧洲各种风格的综合影响，欧洲各地的文艺复兴、巴洛克样式与殖民地本土风格融合，欧洲中世纪的风格也在欧洲移民的迁徙中影响殖民地设计风格。

图2-1-50 《琴边的女子》，荷兰代尔夫特绘（约1670年）。画面展现的室内简约明快，地面是黑白相间的瓷砖铺地，墙面踢脚线为典型的荷兰瓷砖装饰，墙面有绘画装饰。

图2-1-51 英格兰德比郡哈德威克府邸长厅（1591—1597年）。采用典型的几何形细石膏线脚顶部，墙面以挂毯装饰，空间布局开敞，家具体型大而简约。

图2-1-52 英国乔治时期的风格代表了18世纪英国的主流。此图为威尔士王子的中国式客厅的南立面，带有明显中国式的线脚和齐彭代尔式家具。

美国独立后新古典主义风格的诉求成为主流。

　　文艺复兴以后，欧洲的设计一直沿着一条复古倾向的道路前进，对古典的重新认识、发扬到改变、突破再到严谨理性的新古典主义。18世纪晚期至19世纪形成强劲的"复古思潮"设计主流，希腊复兴、罗马复兴、哥特复兴，甚至融合埃及样式的帝国风格（拿破仑时期的法国样式），在欧洲和美国全面展开，对古典语汇的使用从被动倾向变为主动，随着城市化进程的发展，在公共建筑和住宅建筑中都得到体现（图2-1-53、图2-1-54）。

　　这一小节阐述的是室内设计传统风格的历史，以19世纪美学运动之前的各种古代时期的设计形式为特征，主要分析了西亚、欧洲和中国的室内设计脉络。从中我们可以发现室内设计发展的几个规律：①室内设计的风格与建筑密切相关，而往往在风格上略微滞后。②随着社会经济的发展和社会财富的积累，室内设计对功能、美学的要求越来越高，风格也呈现越来越复合多元的特点，历史中的风格交叉融合，地域间的风格相互影响，形成错综复杂的关系。③室内设计的发展带有明显的地区特征，并随着社会的进步，表现出渐渐超出建筑限制的自身发展特征。

　　在漫长的历史过程中，传统风格是在各地区当时特定的社会发展水平、手工艺时期的制作能力、文化交往特点以及地域自然等条件下产生的。人类历史留下了多种多样的传统风格，在现代室内设计中也得到相当的保留，原因是传统风格的历史与人文价值非常高，是对文脉的记述，并带有不可替代的审美与象征性。因此，传统风格不仅在古建保护领域备受关注，对各种现代风格的产生和发展也有长远的影响。

二、工业革命引发的设计思潮

18世纪中叶，欧洲工业革命具有的爆发力，使19世纪产生了人类有史以来最具前瞻性的巨大变化。社会形态和人类生活都发生了重大变化，工业化已经纳入社会的基本结构，机械动力的生产能力不断提高，产品的批量化生产成本逐渐降低，人力价值则日益升高。平民的社会地位有了明显的提升，普及教育、促进社会进步、社会平等思想快速拓展。

为解决人与人、人与社会的矛盾，改造人类生存状态的努力，与社会发展的各种事业联系在一起，社会生产力进步与社会理想的共同作用，快速改变着人类生活，西方文化运用掌握的新技术推进国力迅速增长，交通、运输、电报电话、电气工业等，不断为国民生活带来新的便利。英国在工业革命中最先崛起，法国、德国等欧洲国家也随之发生巨变，而美国则是受益于现代运输业的最典型代表，铁路、轮船和电报使这个国家的发展速度史无前例，迅速拉近与世界最发达国家的距离。城市工业和工人成为欧美城市最主要的组成，新兴中产阶级的需求也成为市场需求的主体，产生了作为技术专业的工程学。工业革命还大大增强了西方各国的海外掠夺力，加拿大、南美、亚洲，富饶或有资源的土地吸引着西方列强入侵、占有，形成欧洲市场链重要的原材料和产品倾销基地。因此，19世纪东方文化对欧洲设计界依然有持续的影响。

1. 新思潮中的矛盾

社会、政治、经济的变化当然会对建筑产生直接影响。表现在设计思潮中的几个矛盾：①现代化的建筑设备技术，如管道系统、照明和取暖方式与过去的建筑形式和设计间产生矛盾，如何

图 2-1-53　巴黎玛德莱娜教堂（1804—1849年）。罗马复兴样式的宏伟室内符合拿破仑的政治野心，也是这个时代的建筑风格取向。

图 2-1-54　纽约圣三一教堂（1846年）。哥特式尖拱和着色玻璃使建筑呈现中世纪的印象，这是对传统风格的着意模仿。

利用新技术服务于旧建筑成为一个难题。②新古典主义的风格可以满足传统权贵和社会上层的需求，但是大量并持续增长的城市平民的需求却需要新的形式来满足。③新材料——铁和玻璃，在模仿传统建筑的风格上可以形似，但失去了稳重浑厚典雅的审美力量。④掌握最先进生产技术的工程师、企业家无法设计出符合传统文化的严谨性与美的产品，而设计师艺术家又不能理解新技术手段，因此设计与生产间的断裂，造成历史上被认为最没有品位的产品和无意义的装饰出现。

19世纪是复古思想占据主流的时代，但同时也出现了新的建筑思想，主要是来自新的社会结构中产生的平民意识和促进社会进步的理想造成的，带有浓厚的社会主义、乌托邦的味道。新建筑思想的核心内容是反对复古，强调创新，复古建筑风格被认为施加了过多的矫饰，而真诚明了的简洁形式才是进步的体现。1849年，英国的美术理论家约翰·拉斯金出版了《建筑的七盏明灯》，其中诉说的思想有几个十分重要的观念：①强调设计的重要性和它的社会功能，认为设计具有社会道德内涵，应当服务于绝大多数的人民。②设计有两条发展道路，一是对自然现实的观察，二是对现实的创造性的表现。③提出设计的目的在于"实用性"，要"适合于特定场合，从属于特定目的"。④认可工业化在设计和生产中的重要地位，认为"工业和美术在齐头并进"。不过拉斯金最核心的思想还是在于鼓动哥特复兴所具有的精神和道德价值，这对19世纪下半叶英国的"艺术与手工艺运动"影响很大。法国建筑家勒·杜克也是新建筑思想的先驱，他主张采用新技术，创造不拘泥于传统的新建筑形式，被当作理性主义建筑思想的奠基人。勒·杜克一生致力于寻求建筑的"真实"意义，甚至从原始建筑中寻找建筑的合理性，

他本人也极喜欢哥特风格，认为哥特风格是哥特时代的技术、材料、社会背景下最功能化、最理性的杰出作品。

19世纪中期所表现出来的传统风格与未来发展的矛盾，以及对建筑"真实性"的探索，打开了新的社会条件下新的设计发展的大门。城市化、工业化的进程，激发了伦敦、巴黎等大都会的大规模改造。殖民贸易更带来了让西方世界震惊的异域文明。西方社会的一切巨变都指向同一个问题：什么才是未来的形式？为了寻找工业化与传统风格矛盾的解决办法，欧洲建筑师和艺术家探索了两条出路：一是向自然学习，一是向其他文化借鉴。

2．艺术与手工艺运动

1851年，约瑟夫·帕克斯顿设计的19世纪最伟大的铁和玻璃打造的建筑，矗立于世界首次博览会——伦敦"博览会"上。各种负面或激进的评价一时甚嚣尘上。这个与传统审美毫无关联的建筑，后来被称为"水晶宫"，完全展现了现代建造手段的高效和简洁，以及突破大教堂的崇高尺度。但是却因其毁灭传统审美的特质，受到严肃的批评（图2-2-1）。

19世纪下半叶，拉斯金的思想得到了英国一小批建筑家和艺术家的响应。为了抵制工业化对"美"的威胁，英国发起了一场超越哥特复兴的试验性的设计运动——艺术与手工艺运动，也被称为"工艺美术运动"，其核心人物是威廉·莫里斯（1834—1896年）。

"艺术与手工艺运动"完全拥护拉斯金的思想，强调诚实地使用材料和高品质的手工技巧，设计装饰借鉴自然、体现形式与功能统一的"真诚"面貌。这场设计运动涉及建筑、室内设计、家用

图 2-2-1 伦敦水晶宫博览会的室内（1851 年）。展现了当时最进步的建造手段——钢和玻璃的组合、单元批量化加工建造。真正体现简洁的现代性的建筑，在当时却受到来自多方面的批评。

图 2-2-3 威廉·莫里斯设计的卧室。充分体现手工艺的艺术性与简雅真实的美感，墙纸和家具是他典型的设计语汇，带有哥特精神的严谨与内敛。

图 2-2-2 红屋室内（1859—1860 年），菲利普·魏伯设计建筑，威廉·莫里斯设计室内用品，展现了"艺术与手工艺运动"追求真实自然的设计表达。

产品设计、书籍装帧、纺织品、墙纸、家具等方面。1888 年，"艺术与手工艺展览协会"成立，原本在小范围的设计活动影响开始扩大，形成对苏格兰的格拉斯格学派、美国的芝加哥学派产生相当影响的设计运动。

　　威廉·莫里斯是一位受哥特复兴风格深刻影响的设计师，出身于富裕家庭使他有机会与共同致力于振兴艺术与设计的年轻艺术家开始新的艺术设计尝试，他与建筑师菲利普·魏伯合作设计了自己在伦敦郊区肯特郡的新婚住宅。这个被称为"红屋"的住宅明显带有中世纪简朴真诚的特质，建筑采用红砖瓦，内部结构暴露，功能良好，非对称，有不少哥特式的细节。"红屋"的成功激励莫里斯在 1861 年与另外两位合伙人合作开设了世界上第一个独立的综合设计事务所 MMF，又于 1864 年成立独立股份的"莫里斯设计事务所"，设计生产家具、墙纸和其他家用物品等（图 2-2-2、图 2-2-3）。莫里斯的设计风格代表了"艺术与手工艺运动"主要的设计特点：强调手工艺，提倡朴实、真诚、良好的功能，反对华而不实的设计，在装饰上推崇自然主义和东方艺术，设计空间和尺度具有亲和力的和水平向的特点。这与维多利亚时期混乱无序的风格主流形成鲜明的对比。苏格兰的"格拉斯哥"设计组是对莫里斯代表的"艺术与手工艺运动"的有力呼应，在设计风格上表现出更为现代简约和功能化的特点；美国设计也受英国影响继续了"艺术与手工艺运动",采取就地取材、注重功能的原则。这种设计理念随着建筑业发展迅速发展到芝加哥,对美国20世纪最重要的建筑师弗兰克·赖特产生过重大影响,使赖特早期的建筑作品具有强烈的"艺术与手工艺运动"特点。

19世纪晚期,英国和美国先后出现了协会性质的设计组织,促进了设计新理念的推广和设计水平的提升。虽然"艺术与手工艺运动"的本意是为了抵抗工业化带来的非"美"的设计形式和繁琐的维多利亚风格,但实际上的主要作用却是突破了欧洲传统,发展了建筑新形式的可能,并从观念上促进了真实和注重功能的设计思想。作为一场反对矫饰、反对复古的创新设计运动,"艺术与手工艺运动"是新建筑进程中非常珍贵的探索,它巨大的感召力,带动了20世纪一场更大范围的设计运动——新艺术运动。

3. 维多利亚风格

许多艺术史和设计史的评判,都对维多利亚时期复杂而缺乏理性的装饰风格持批判态度,从设计的严谨性和高雅的审美判断而言,维多利亚时期的主流风格确实缺乏高品质而充斥着接近闹剧般的繁杂和荒谬。维多利亚风格是英国工业革命后经济快速发展、社会财富集聚下的反映。新兴阶层对装饰的热衷,工业化生产上高品质设计能力的缺乏,以及批量化生产明显降低装饰的成本等条件,造就了大量堆砌装饰又缺乏品位的产品。

不过,也有历史学家对维多利亚时期设计中包含的欢快与活力提出正面的评价。正因为不严谨,设计中常常会出现带有自由和积极向上性格的作品,而且在工业、交通运输和城市建设中,也有不少因不设装饰而表现出功能化、技术化的

实用产品。由于传统社会所提供的理论和原理,已经越来越不能适应新的社会发展,因此没有任何历史先例的新鲜装饰出现在日用品身上,复杂而多样的各类装饰犹如混杂热闹的喜剧,满足了社会主要的需求并成为主流。这样一来,样式混合的或想象出的装饰在家具和室内界面上发展,包含了许多片段式的传统设计语言和说不清来源的设计语言,因此维多利亚风格表现出多样化的分支。不过维多利亚式空间具有强调垂直感的共性,门窗高而窄,顶部高度也追求向上发展,可能是受哥特复兴的审美影响(图2-2-4、图2-2-5)。

城市发展与工业化进程使城市出现了成片的住宅区,这些新型住宅的内部展现了科技进步带来的新变化,浴室和厨房被专门设计,自来水、中央供暖、汽灯甚至后来的冰箱都被引入。另外,城市的扩张使"中心区"渐渐形成,企业的办公都热衷于挤进中心区,这使得地价上涨,高层建筑成为需求。铁质结构和电梯的发展,使早期摩天楼的建造变为现实,这类建筑的室内,也借鉴、

图2-2-4 伦敦斯旺住宅客厅(1876年)。维多利亚式的风格混杂中有莫里斯影响下的谦逊内敛,家具为安妮女王式和乔治式,室内空间特别的高也是维多利亚时期的特点。

图 2-2-5 费城宾夕法尼亚美术学院（1871—1876 年）。创新式的短柱与尖拱、强烈的色彩关系，展现了维多利亚式的生动和个性。

业使装饰变得越来越容易，使设计产生广泛意义的装饰化倾向。③对社会进步中道德因素的诉求，使一部分设计者关注设计的严谨性和理性，对"美"的塑造和追求变得前所未有的主动。

三、现代主义之前的形式化运动

随工业革命而来的巨大社会变革，使一切传统风格的适用性和合理性受到否定，当时欧洲先进的设计师积极主动地探求具有时代感的新形式以适应新形势，为更广泛的社会大众服务的意识在逐日增长。19 世纪末至 20 世纪初，欧洲展开了范围极广、各种各样的设计实验，彼此间有相当的差异，但也具有很明显的共同点，其一是对新技术和新材料运用的不断创新，其二是对颠覆古典传统的新的设计理念和审美的探索。

1. 新艺术运动

"新艺术运动"发生在 19 世纪 20 世纪之交，由于西欧各国和美国都进入经济高速发展阶段，而且工业化引发关于居住、生产、商务、娱乐等新城市面临的亟待解决的新问题。随着东方、非洲及美洲古文明带来的对艺术的新的理解，欧美在对传统形式颠覆的过程中也形成了对新形式的探索。

"新艺术运动"的形式语言在欧洲不同国家显示出不同的流派特点，不过这场涉及领域极为广泛的运动，拥有统一的主题——反古典，创造新形式以满足社会进步的需求。英国"艺术与手工艺运动"的设计灵感——取法自然，被沿用并发展到极致。自然语汇的夸张、抽象，被大量的艺术家和设计师以极大的热情融入开创新世纪设计面貌的设计中，催生了像维也纳"分离派"、比利

混合传统风格，但主要倾向于实用，便于通风与采光是这类室内设计中重点考虑的问题，空间中常常以简单的形式密布办公桌，空间分隔也只采用轻质的木框玻璃隔断。

工业革命引发的设计思潮表现出对新形式的探索和未来的不确定性，但可以肯定的设计发展特点有：①工业化进程积极地参与城市大发展和建筑革新，在技术上和功能上推动新的建筑评价标准产生。1884 年，英国成立"艺术工作者行会"（the Art Workers'Guild）所制定的建筑设计原则，就包括功能中心、就地取材、建筑与环境和谐统一、建造经济性以及装饰控制等等原则。②现代制造

时"先锋派"、德国"青年风格"、巴黎"新艺术"、西班牙"高迪"、意大利"花月式"等等一系列设计改革的现象。

"新艺术运动"对后世的设计影响相当深,它执行和宣扬的反对复古、反对过度装饰、反对呆板的工业化制品的思想,确立了新的审美精神和价值观,使欧洲的建筑和设计真正走向新的可能。运动始自1895年左右的法国,随后蔓延到几乎全欧洲和美国,直到1910年左右被现代主义运动和"装饰艺术"运动取代。"新艺术运动"风格受新材料和加工技术的影响很大,常常采用钢铁材料创造浪漫轻巧的建筑构件,并在新公共建筑、商业建筑中很好地被运用。"新艺术运动"的设计家创造新、奇、异的形式,也在抛弃矫饰上竭尽全力,总的来说,具有这样几大特征:①从自然主义和东方装饰绘画中吸取养分,表现自然主义的风格,夸张对自然生命的理解,常以植物纹样和曲线表达为明显特征,也有更为激进的抽象几何形式。②在结合新材料和工艺的同时,复兴优秀的工艺传统,注重艺术象征性和表现力。③承上启下,对新形式的尝试抱有极大的热情,从思想意识上为20世纪初具有革命性的设计改革铺平了道路(图2-3-1、图2-3-2)。

法国是"新艺术运动"的发源地,持续时间也最长。自1895年巴黎"新艺术之家"家具事务所创建之后,"现代之家"和"六人集团"等事务所和组织都致力于推广带有东方审美和自然主义审美的"新艺术"风格。1900年,巴黎世界博览会上向世界展示的家具和室内设计新艺术风格,引起了世界广泛的注意。"新艺术运动"从一开始就带有将工业生产与艺术表现结合的思想,对家具设计师、平面设计师和室内设计师有很大的启发和引领作用,这些领域的不少设计师也受到来自企业家的鼓励和赞助(图2-3-3、图2-3-4)。

比利时在"新艺术运动"时期由一批具资产阶级民主思想的艺术家、设计师倡导新的设计形式,提出了"人民的艺术"的口号,被称为"先锋派"运动。比利时的"二十人小组"涌现了数位著名的新艺术设计师,作品都带有明显的自然主义倾向,对植物语言的运用高雅优美(图2-3-5)。作为经济力量相对薄弱许多的小国,比利时设计师却是现代设计思想重要的奠基力量。其中最杰出的是设计理论家、建筑家亨利·凡·德·费尔德(Henry van de Velde,1863—1957年)。他是世界现代设计的先驱,对德国的设计发展有举足轻重的影响。

图2-3-1 巴黎卡斯特尔·贝朗热大楼门厅(1894—1899年),法国最著名的新艺术运动设计师吉马尔德的作品。运用了陶砖与金属的装饰,曲线的流动彰显着新艺术设计师的审美偏好。

1906年，费尔德在德国魏玛创立的魏玛工艺与实用美术学校就是包豪斯的前身，他还是德国设计协会——德意志制造同盟的发起人之一。费尔德早期在比利时从事新艺术风格的设计，20世纪初曾在"新艺术之家"担任产品设计工作，他对设计工业化进程抱有比较积极的态度，提出了三大设计原则：结构合理、材料运用严格准确、工作程序明确。他成为现代主义设计的思想奠基人。

西班牙著名的建筑家安东尼·高迪（Andonni Graudi，1852—1926年）将新艺术有机曲线风格发挥到极致，也创造了最具宗教气氛的新设计。高迪是一位将新哥特主义、本土历史文化和新艺术自然主义思想完美融合的伟大建筑师，他喜欢复杂多变的形式和装饰，对过去风格的折中借鉴也十分大胆，整体风格表现出特异、极富浪漫夸张的热情气氛，在建筑史中可以说无人能出其右（图2-3-6、图2-3-7）。

德国的新艺术运动在初期受到英国"艺术与手工艺运动"的很大影响，不过自1897年之后，德国设计界逐渐脱离曲线装饰主流而开始了简单几何形的探索。德国"青年风格"的代表人物是彼得·贝伦斯（Peter Behrens，1868—1940年），其被称为德国"现代设计之父"。他早期也走"新艺术"风格路线，但随着德国工业化进程的加快，他开始采用简单几何形状并有明显的功能主义倾

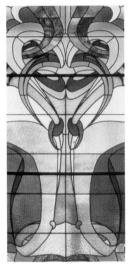

图2-3-2 布鲁塞尔奥特里特旅馆的彩色玻璃窗（1890年），亨利·凡·德·费尔德设计。

图2-3-3 法国南锡马松住宅餐厅（1903—1914年）。南锡是法国新艺术风格的重镇，在室内装饰和家具上都体现出典型的新艺术风格。

图2-3-4 赫克托·吉马德是"六人集团"中成就最卓著者。20世纪初，受巴黎政府委托设计一系列地铁入口，都采用青铜或其他金属铸造结构件，构件模仿植物枝干和藤蔓，顶棚处理成贝壳的造型，被保存使用，至今完好。

图2-3-5 比利时"先锋派"的代表设计组织"二十人小组"（也叫"自由美学社"）的主要人物维克多·霍塔，设计出"新艺术运动"中最杰出的作品。其中具有代表性的是布鲁塞尔的塔塞尔旅馆（Hotel Tassel，1892—1893年），从建筑外观到室内设计，都是高度统一的新艺术经典。

图2-3-6 高迪设计的最大的项目——萨格拉达大教堂（圣家族大教堂，1903—1926年）内部，至今还未完成。

向的设计风格，后来成为德意志制造同盟的代表人物（图 2-3-8）。

奥地利在这一时期的设计运动是最为激进的，由古斯塔夫·克里姆特（Gustav Klimt，1862—1918 年）领导的一批艺术家和设计师在 1897 年与传统学院派发生分裂并成立了"分离派"组织。1895 年，建筑家奥托·瓦格纳（Otto Wagner，1841—1918 年）发表了著作《现代建筑》，提出建筑为现代生活服务，是人类居住、工作、沟通的场所，应以促进交流、提供方便的功能为目的。维也纳"分离派"的建筑风格抛弃了曲线，采用几何形，特别是方形，加上少数表面的植物纹样装饰，功能良好、形式简明，还有黑白及金属色的基本色调。这些都与新艺术运动主流背道而驰，却显示了现代主义的肇始。"分离派"与德国新艺术时期的设计发展，构成了"新艺术运动"中理性主义发展的一支（图 2-3-9、图 2-3-10）。

图 2-3-7　米拉公寓内部（1905 年）。高迪将曲线流畅地运用在顶部和门窗，创造极富未来感的空间形态。

2．折衷主义与简约古典

在趋近现代的新设计思潮风起云涌之时，建筑其实依然充斥着对古典传统的模仿和复制。20 世纪初，各种可以借鉴的传统风格形成了大量的资料和储备，而"折衷主义"则是一种观念，是在多种来源的基础上选择最适合最好的风格或方法。因此"折衷主义"回避创新，整体上是落后倒退的。欧洲各国所谓"学院派"在这一时期大多采取保守的"折衷主义"观念，试图在新的社会发展条件下保持所谓优良的古典传统的严谨性和审美体验。随着"折衷主义"在各种公共建筑中的实施，了解各时期传统风格并能成功娴熟地运用于建筑室内的室内装饰设计师开始兴起，逐渐成为专门的行业（图 2-3-11）。

第一次世界大战后，折衷主义逐渐向"简化

图 2-3-8　德国 AG 总部大楼入口大厅（1920—1924 年），彼得·贝伦斯设计。几何图形和材质的色彩变化使现代感的空间不乏装饰性。

图 2-3-9　分离派著名的建筑家约瑟夫·霍夫曼设计的布鲁塞尔的斯托克列宫（1905—1911 年）。以方为主的立体形体，结合精美的有机形态的浮雕装饰和金色构件，是一件美丽的理性主义的建筑作品。

图 2-3-11　纽约公共图书馆（1902—1911 年）。设计者将在巴黎美院学习的古典知识运用于现代空间，力图体现建筑的严谨性和典雅的审美理念。

图 2-3-10　维也纳邮政储蓄银行（1904—1906 年），分离派著名的建筑家奥托·瓦格纳设计。充分利用了先进的建造技术和工艺，使玻璃拱顶和金属框架成为兼具功能和装饰的界面。

的风格创造典雅和有品位的氛围，带有简约化的传统式样的家具和用品也同样得到推崇。20 世纪 30 年代，新造的欧美公共建筑采用"简约古典"为主流风格，使"简约古典"几乎成为代表政府的官方风格。以现代建筑的抽象手法来表现传统形态，可以较为经济地展现具很强象征性的庄严空间和宏伟特征，在德国和苏联的政治中都大量被采用，显示出"简约古典"在表现沉重雄伟上，不亚于表现典雅明快的能力（图 2-3-12）。

四、早期现代主义与装饰艺术风格

1．早期现代主义的设计

古典"发展。由于模仿古典的复杂度已经令人产生厌倦感，而对古典所包含的象征性和严谨性又依然需求，因此古典的比例和严谨性被保留下来，而装饰被处理为简化的几何形语言。简约古典也常常借鉴或联系东方艺术装饰的特点，在国家经济薄弱或萧条时期尤其被认为是理想的形式。"简约古典"在美国的发展最为典型，这种风格很快被住宅建筑吸收，一般民众的室内运用"简约古典"

对于工业革命发生发展一个半世纪的欧洲，工业化给生活带来的转变是巨大的。人类社会的生存状态发生了天翻地覆的变化，最核心的影响是价值观和生活态度的转变。传统风格所代表的

图 2-3-12　莫斯科库尔斯卡亚地铁车站（1949 年）。折衷式的发展产生简约古典的设计风格，古典的语汇被简化成符号性的抽象细节。

图 2-4-1　荷兰施罗德住宅（1924 年），"风格派"代表人物里特维尔德和施罗德合作设计。简约的几何形和原色设计使风格派成为早期现代主义建筑运动中最突出的代表。

神性或社会上层的价值观，逐渐被一般民众的价值观替换，强调大众性、民主化的社会群体意识，在建筑和设计上更关注效率、便捷和实用，精良的工艺也可以通过现代建造方式达成。早期现代主义就是在这样的背景下，于 20 世纪第一个十年开始。

20 世纪初，设计师所面临的问题是复杂的，工业化带来了居住环境恶化，交通拥堵，城市内部形成的工业区、商业办公区、密集住宅区、文化娱乐等功能建筑的品质问题等等。产业化使社会结构明确变化，除"上层阶层"外，"中产阶级"是新城市、新建筑的主要经济支持和需求代表。城市密度不断增大，凸显了高层建筑的优势与问题，为现代社会生活服务的建筑新形式必须产生。"现代主义建筑运动"正是对这种社会发展需求的回应。

20 世纪初，社会发展问题和文化繁荣首先带来了一系列的艺术改革运动，被称为"现代艺术运动"，从价值观、思想内涵到表现形式上改变了艺术的内容。其中立体主义、未来主义、表现主义、构成主义和风格派包含的时代特性，对现代主义产生深刻的影响。对于客观对象的解析和抽象，并将组合规律化、体系化，提供了现代设计的思想和形式基础。其中荷兰"风格派"和俄罗斯"构成主义"是 20 世纪初早期现代主义运动的最重要分支。"风格派"的室内和家具设计是现代主义建筑运动的杰出作品，极致简洁的几何造型和极致抽象的色彩（黑白灰加三原色）创造出的全新形象，一直影响到 21 世纪（图 2-4-1）。"构成主义"是俄国十月革命前后在一小批先进知识分子中产生的前卫艺术与设计运动，对工业文明、机械结构和现代工业材料的赞美和推崇，使他们创造出基于现代新材料新技术基础之上的想象理性结构。虽然大部分"构成主义"的理性想象都不能实现，但是其包含的结构思维和理性精神成为现代主义早期实践的最重要思想组成（图 2-4-2）。

20 世纪初，最具现代主义设计发展实质成效的是德国。"德意志制造同盟"的成立，大力推进了德国现代设计发展的进程。参与德国现代主义运动进程的最重要人物有前文提到的凡·德·费尔德和彼得·贝伦斯，后者以简明、清晰、功能良好的设计全面树立德国设计全新的形象，影响巨大。贝伦斯设计的涡轮机工厂采用钢筋混凝土

图 2-4-2　俄国构成主义代表人物埃尔·里切斯基设计的普朗房间（1923 年）。设计将极度抽象的几何形组合成空间的装饰，带有打破一切传统的革命性精神。

图 2-4-3　贝伦斯设计的涡轮机工厂。简约的现代建筑语言设立了抽象、明快、高效的审美范例。

图 2-4-4　1921 年前后，包豪斯两个阶段的标志对比，体现了表现主义到现代主义的内涵转变。

结构和部分幕墙结构，是当时欧洲最先进新颖的建筑作品，也树立了功能化、简洁明快的现代主义建筑品位（图 2-4-3）。新的设计理念和思想直接影响了当时的青年设计家，包括后来成为现代主义大师的格罗皮乌斯、密斯·凡·德·罗和勒·柯布西埃等人，甚至影响了早期现代主义的美国建筑师弗兰克·赖特。

上面提到的几位建筑师再加上阿尔瓦·阿尔托，是几位最著名的现代主义建筑大师。他们设计的建筑室内，也是最具有代表性的现代主义风格室内设计。格罗皮乌斯是现代主义设计教育最重要的奠基人，他最伟大的贡献是创建了世界上第一所真正意义的设计学院——德国"包豪斯"设计学院，这所学院自 1919 年成立以来，成为欧洲现代主义的精神基地，建立了将现代设计思想、现代设计教育和社会工业化发展结合起来的完整体系（图 2-4-4、图 2-4-5）。密斯是声名显赫的德国现代主义大师，他提出的"少就是多"的原则和贯彻的极简风格的作品，使他成为 20 世纪运用新材料创造最精致室内空间的典范，建筑界甚至有"密斯主义"的称谓来赞美他极简的建筑风格所带来的极致审美体验（图 2-4-6）。柯布西埃是另一位现代建筑与室内设计最重要的奠基人，他主张为居者服务的理性设计和"机器美学"，室内设计重点在于明快流动的空间和简约功能化的家具（图 2-4-7、图 2-4-8）。芬兰建筑大师阿尔瓦·阿尔托同样是一位多才多艺的现代主义代表人物，不过他的设计在强调功能主义原则的同时也强调有机和谐的人文主义设计思想，在他的作品中广泛采用自然材料和传统材料，具有迷人的亲和力，所以说阿尔瓦最大的贡献是对现代主义的人情化改良，是后世建筑发展重要的启迪（图 2-4-9、图 2-4-10）。赖特是倡导简约古典的"芝

图 2-4-5　包豪斯迪索时期学校会议厅（1925 年），格罗皮乌斯为包豪斯设计了全新的校舍，是现代主义优秀的代表建筑。

图 2-4-6　巴塞罗那博览会德国馆（1929 年），密斯的代表作。流动的空间由精致的大理石和铜框玻璃隔断分隔，其中放置的是密斯设计的著名的巴塞罗那椅，扁钢的性能被发挥得淋漓尽致，造型简约而优雅。

图 2-4-7　巴黎装饰艺术展览会上展示的"新精神宫"（1925 年）。体现了柯布西埃对标准化、模数化设计的尝试，简约而纯粹的空间具有很强的现代性。

加哥学派"代表路易斯·沙利文的学生，主要受沙利文建筑的进化论和有机观念的影响，他的建筑作品在现代主义行列中显示出很强的独特性，具有强烈的有机自然主义精神和反都市化倾向（图 2-4-11、图 2-4-12）。

早期现代主义建筑运动在技术层面主要指由新材料、新技术、新结构方式所带来的建筑的全新形式，在思想层面主要指意识形态上形成的几个新的核心观念，是围绕民主主义、精英主义、理想主义发展出来的为大众服务、为社会服务、功能主义的反传统意识的革命。现代主义室内设计风格具有与现代主义建筑的密切相关性，主要的形式特点有：①以功能为设计的中心和目的，将科学性、方便性和经济高效纳入室内空间与家具设计。②注重空间的功能化布局，提倡排除纯装饰的简洁几何造型。③发展室内装修和家具标准化构件和组装方法。

2．装饰艺术运动风格

与"现代主义运动"同时开展的还有一场风格特殊的设计运动——"装饰艺术"运动，发展地区是法国、美国和英国。虽然，这种风格不具

图 2-4-8　法国萨沃伊别墅（1929—1931 年）是柯布西埃现代主义的经典建筑。空间体现了功能主义、框架结构、流动空间、简洁的几何装饰的现代特征。

图 2-4-9 芬兰玛利亚别墅客厅（1938—1941 年）。阿尔托将其人性化的设计理念融入空间和家具、灯具等用品，材质自然富亲和力，尺度宜人。

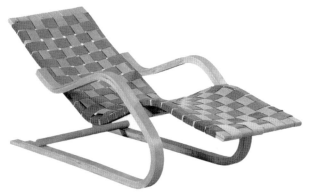

图 2-4-10 阿尔托设计的弯曲木躺椅。采用人造材料编织坐面，骨架为高温高压加塑制作的弯曲木，具有远超自然材料的受力性能和自然的质感。

图 2-4-11 芝加哥赖特住宅工作室（1889—1909 年）。赖特将其对手工艺的热爱与现代语汇结合得很细致，使得他从来不能被看成完全的现代主义设计师，而是带有很强的自然主义和装饰意味，在设计语言上与装饰艺术流派有精神上的相似性。

备民主色彩和社会主义背景，而主要是装饰化的形式主义运动，但是值得注意的是它同样主张对工业化时代的新材料、新建造技术的尊重和发展。不过，在精神上，"装饰艺术"风格是传统价值观的表达，其服务对象是社会上层和权贵，是一场迎合新的材料和机械加工而产生的装饰革新运动。

"装饰艺术"运动包含的设计语言非常复杂、范围广阔，从 20 世纪 20 年代的爵士乐到 30 年代的流线型都可以包括。"装饰艺术"风格重点在于：①强化装饰和显示高价值感，形式强烈夺目，个性化明显。②以机械化的装饰语言表达，常用的几何图案有阳光放射型、闪电型、曲折型、重叠箭头型、星星闪烁型、阿兹台克放射型、金字塔型等。③装饰灵感取材于古埃及装饰、非洲和美洲原始艺术、俄罗斯舞台艺术、黑人爵士乐、汽车设计等等，色彩鲜明而强烈，特别重视对金属色、原色以及黑白的组合运用（图 2-4-13、图 2-4-14）。

20 世纪二三十年代，"装饰艺术"运动与现代主义运动相互影响、密切关联。这种风格是将对机械化的赞美与艺术表现相结合，采用大量新的装饰构思和手段，使机械形式和现代简约特征变得更华丽、更有艺术张力。因此，"装饰艺术"风格的设计强调反古典的机械化、工业化的装饰

图 2-4-12 美国威斯康星州塔利艾森学院（1925 年）。赖特在建筑内设计了许多奇妙的空间变化，自然石材与几何语汇的木制家具将装饰性的现代风格与实用功能熔为一炉。

图 2-4-13 美国好莱坞歌舞剧舞台设计（1937 年）。反映了装饰艺术风格成为引导时尚与大众审美的流行语言。

图 2-4-14 伦敦《每日快报》大厦门厅（1931 年）。阿特金森设计的金色与黑色的空间有富于层次的几何线形装饰，壁画反映了现代科技和生产力的发展。

美，其夸张、强烈、华贵的视觉冲击，极大地满足了新兴权贵和中产阶级的心理需求，因而受到广泛的喜好。"装饰艺术"风格在美国形成影响巨大的设计风潮，在建筑、室内设计和工业产品设计领域中成果非凡，同时推动了金属、玻璃等新兴材料的广泛运用。美国"装饰艺术"风格还与高层建筑和超高层建筑一起，成为那个时代宣扬新兴企业地位的重要手段（图 2-4-15）。

五、现代主义的传播

源于 20 世纪初的现代设计运动在一战和二战之间的艰难岁月里得到快速的发展，特别是在民主和社会理想较繁荣的部分国家，荷兰、斯堪的纳维亚、德国、奥地利和英国就广泛接受了现代主义设计的理念。现代主义设计以机械化、工业化、科技化、标准化为特征展开一系列设计革命，缔造了简约、明亮、高度功能化的室内空间，也大大促进了现代家具业的兴盛繁荣。

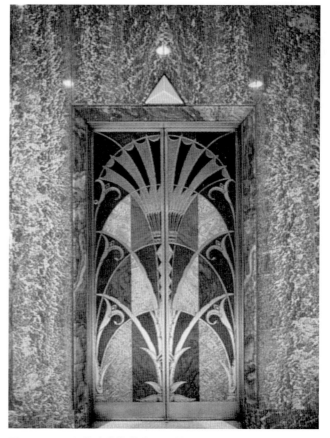

图 2-4-15 纽约克莱斯勒大厦电梯厅（1930 年）。强烈的装饰艺术风格反映了美国国力的强盛。

二战以后，现代主义的传播得到更广泛的支持，设计师们采用简约的语言追求理性和功能化，同时也希望能达到优雅。由于二战导致了军事工业的大力发展，刺激了科学技术的快速猛进，这些科研成果在二战后逐渐转化成为生活民用科技，大力推动了国民经济的发展。美国的室内设计和家具设计在这段时期出现许多创新尝试。来自欧洲的移民设计师，包括前文所说的格罗皮乌斯和密斯·凡·德·罗，都成为美国建筑发展新的重要力量。欧洲的现代主义理性思维与美国本土的有机自然主义倾向结合，产生关注人体使用舒适和现代制造方式结合的家具设计。人体工程学与胶合板、塑料材料、人造纤维等新型人造材料的研究同步发展，体现出现代家居功能、技术、美学的良好融合（图2-5-1～图2-5-5）。

战前"现代主义运动"在战后发展成为"国际主义风格"，这是对现代主义简约形式极端化发展的结果。从形式上来看，这两场运动一脉相承，具有反装饰、功能化、理性化的特征；但从意识形态上来看，"国际主义"与"现代主义"却有很大的不同。"现代主义"的理想是使社会大众受益，具有民主主义倾向和社会主义特征；而"国际主义"宣扬的鲜明的现代性和单纯的感观效果确实符合了新时代商业化发展的要求和特点，代表了美国企业的价值取向。"国际主义"以密斯开创的极简而又造价很高的建筑风格征服世界、变为主流，作为一种时髦流行的样式形成控制性的发展，为了追求形式简约甚至可以违背功能，表现出对人文的冷漠和形式的单调。这种"国际主义"具有设计高效率的特点，也是它的势力得以快速扩张的原因之一。不过那些不太考虑设计效率的建筑室内，依然倾向采用结合"传统风格"的设计方法，

图2-5-2 简约流动的空间构成，舒适、功能化的空间要素，极简氛围中完成的住宅功能，具有深刻的现代主义价值观和表现手法。

图2-5-1 伦敦海波因特公寓（1936—1938年）。简约、理性的空间构成要素中带着明快的对比关系，设计语言与柯布西埃有密切的关系。

图2-5-3 美国伊利诺伊州范斯沃斯住宅（1946—1951年）。密斯移居美国后进一步发展其简约精致的极简风格，形成现代感最强的空间设计。

对于酒店和住宅建筑而言，传统风格的典雅和细节具有的审美体验，还是具有很高的价值。"简约古典"在这一时期也有继续的发展，发展出典型的风格如"典雅主义"。另外，还出现与现代主义密切相关的"粗野主义"、"有机功能主义"等风格，前者是运用不加装饰的钢筋混凝土以追求建筑的体量感和真实性；后者则是对斯堪的纳维亚地区现代主义传统的继承，关注环境的人文主义亲和力，常常采用有机形态的语言，在材质上也更加倾向自然材质（图 2-5-6 ～图 2-5-10）。

20 世纪七八十年代，除西方文化发展以外，东亚地区的经济也取得高速发展，成为新的经济核心。尤其日本在战后发展很快，在 70 年代成为仅次于美国的第二经济强国。日本的建筑风格受西方现代主义和国际主义影响很大，在风格发展和建筑技术的创新上占有越来越重要的地位，而东方传统的自然主义审美在这种发展态势中得到越来越明显的释放和宣扬。

六、后现代主义思潮与多元风格

20 世纪 70 年代，极端化发展的"国际主义"风格受到了集中而严厉的批判，主要原因是对简约形式感的单调追求违背了人生存与审美的精神需要。不过，功能主义作为造物的核心价值得到良好的扩展，只是在环境所具有的合理性、严谨性之外，社会也迫切需要发展建筑更丰富的文化性，创造更多样的审美体验。

对"现代主义"及其极端化发展的"国际主义"的反思和批评，形成广义的"后现代主义"思潮，

图 2-5-4　纽约古根海姆博物馆（1942—1960 年），赖特最后的设计。螺旋形坡道使空间形成符号感很强的连续空间，具有无障碍设计的内涵，但是对展品展现形成负面影响。

图 2-5-5　伦敦皇家节日厅（1951 年）。室内构件的组成是为了达到最佳的视听效果，大管风琴在舞台上形成现代感很强的装饰。

图 2-5-6　美国加利福尼亚州考夫曼住宅（1946—1947 年）。国际主义的简洁向极致发展，带有明显的密斯主义的影响。

图 2-5-7　纽约赫尔姆斯利宫饭店（1980 年）。折衷时期的装饰被很好地保留，浓郁的传统氛围制造高贵的审美性格。

图 2-5-8　光之教堂（1987—1989 年），安藤忠雄设计。对柯布西埃采用的混凝土墙面直接暴露的做法是一种继承，表现了现代主义近乎粗暴的直接。但是建筑语言的简单化使光影成为空间的主体，具有"粗野主义"的率真与坦诚。

图 2-5-9　菲·琼斯和玛瑞斯·基宁设计的教堂，具有典雅主义的空间性格。哥特的语言以极现代的方式出现，构造与装饰融为一体。

图 2-5-10 纽约肯尼迪机场航站楼（1956—1962 年），埃罗·沙里宁设计。钢筋混凝土材料呈现有机曲线的美感，将自然主义与现代主义共同呈现。

其内容十分复杂，包含对国际主义的逆反、对功能主义和技术的进化，还包含对传统风格的反思和借鉴。后现代主义思潮时期的室内设计表现出多样化的趋向，并产生多种流派，以下主要分析被称为戏谑古典主义和比喻性古典主义的"狭义后现代主义"，注重技术表达的"高技派"，发展现代主义功能理念的"新现代主义"，打破自然合理性和建构方式的"解构主义"等风格。这些后现代时期发展的风格和流派，极大丰富了室内设计的人文内涵，表现出依存于建筑又超越建筑的个性化发展，满足新时代社会对精神感受的追求和对装饰、艺术的关注，是多元的环境设计人性化探索。

1. 狭义后现代主义

"狭义后现代主义"主要包括戏谑的古典主义、比喻性的古典主义、基本古典主义等不同特征的设计。其共同特点是以大量古典的建筑符号为依托，表现相对折衷的设计语言。戏谑的古典主义以戏剧化、带有调侃味道的古典语言片段，来装饰室内的界面或家具。代表设计师有罗伯特·文丘里（Robert Venturi）、迈克·格雷夫斯（Michael Graves）、菲利普·约翰逊（Philip Johnson）、矶崎新（Arata Isozaki）等。古典和传统语言的运用常常因被夸张而带有强烈的符号意味（图 2-6-1、图 2-6-2）。比喻性的古典主义，则对历史传统采取严肃的态度，取古典主义的比例、尺度或某些符号来作抽象化的表现，形式端庄典雅并具有稳重感，得到设计界和社会的广泛好评。代表设计师有马里奥·博塔（Mario Botta）、塔夫特建筑设计事务所（Taft Architects）、凯文·罗奇（Kevin Roche）等（图 2-6-3、图 2-6-4）。基本古典主义是强调采用古典比例、古典布局，以期达到新建与传统环境融合的方式，使用古典比例的几何形式是其主要的手法。这一类风格与"简约古典"有明显的渊源关系，形式上给人比较明确的历史感，因此较为沉重。

2. 高技派

20 世纪末，现代主义思想在发展出强调新技术的流派分支，这个全力展现先进技术的设计流派被称为"高技派"。随着社会文化、经济、科技的高速发展，"机械美"足以成为可炫耀的文化亮点。高技派设计强调工艺技术和高新建材。代表人物有伦佐·皮亚诺（Renzo Piano）、诺曼·福斯特（Norman Foster）、詹姆斯·斯特林（James Stirling）等。他们的作品都在建筑的精确性、结构与构造的完美表达上下足了功夫，具有明显特殊的质量和技术含量，通常采用表现高生产力水平和加工技术的高品质材料，具有凸显的材料精致感和未来感（图 2-6-5、图 2-6-6）。

3. 新现代主义

"新现代主义"是 20 世纪末对现代主义的拓展和改良，受反现代主义思潮的影响，对现代主

图 2-6-1 美国费城文丘里住宅（20 世纪 80 年代），文丘里与斯科特·布朗合作设计。POP 语言与玩笑式的古典语言混杂在一起。

图 2-6-2 美国波特兰市公共服务大楼（1980—1983 年），迈克尔·格雷夫斯设计。符号化的古典语汇以一种简约而戏谑的方式装饰空间。

图 2-6-3 瑞士摩哥诺教堂内部（1986—1996 年），马里奥·博塔设计。

图 2-6-4 奥地利旅游局办公室（1978 年），汉斯·霍莱茵设计。装饰构件以暗示的方式象征地理区域。

图 2-6-5 英国剑桥大学历史系大楼门厅（1964—1967 年），詹姆斯·斯特林设计。

图 2-6-7　卢浮宫博物馆新馆（1983—1989 年），贝聿铭设计。这个玻璃、金属和大理石的建筑以现代主义的良好功能和相较于卢浮宫的谦逊征服了世界。

图 2-6-6　巴黎蓬皮杜现代艺术中心（1971—1977 年），伦佐·皮亚诺与理查德·罗杰斯合作设计。这个后现代高技派的经典之作将艺术关注从美国重新拉回欧洲。

义采取重新研究和发展的策略。一方面，新现代主义具有很高的理性分析特征和强调功能的现代主义特色，表现出功能化、简约、明确的形式特点；另一方面，新现代主义努力通过现代技术手段增添人性化的内涵和个性化的阐释，对空间的舒适、亲和和象征意义都十分关注。典型的代表人物有现代主义大师贝聿铭，白色派代表人物理查德·迈耶（Richard Meier）等（图 2-6-7、图 2-6-8）。

图 2-6-8　理查德·迈耶的住宅是舒适、温婉、简约的代表。

4．解构主义

"解构主义"出现于 20 世纪 80 年代，它的形式实质是对结构主义的破坏和分解。解构主义对于正统原则和标准持否定和批判的态度，有明显的学术尝试和表现主义的特点。解构主义的特色是反中心、反非黑即白的理论，强调无序的、流动的、随心所欲的表达。常带有未完工的、支离破碎的、颠覆正常结构构造的特点。代表设计师有弗兰克·盖里（Frank Gehry）、彼得·艾森曼（Peter Eisenman）等人。解构主义因其怪异独特和叛逆特点颇受关注，在现代材料和建造技术迅速发展的条件下，这种风格虽然不普及，却依然有相对持久的影响力，尤其是可以满足信息化时代追求特异和未来感的空间设计（图 2-6-9 ~ 图 2-6-11）。

5．超现实主义

"超现实主义"出现于 20 世纪晚期，作品的特点通常是炫耀的、奇异的、幻想的、古怪的，空间中常出现一些特别的形式或光的设计，令人产生一种不真实的幻想的情绪。也可以说，这是一种更倾向于艺术表现的设计，是社会发展所出现的猎奇求新心理的产物。代表设计师有菲利普·斯塔克（Philippe Starck）等（图 2-6-12）。

以上这些风格是后现代主义时期比较具有代表性的风格流派，事实上室内设计的发展内容更多，现象也更加复杂，设计上也常常呈现对各种风格流派兼容借鉴的状况。20 世纪晚期，室内设计可以说不拘一格，是多元手法尽情彰显的时代，而且随着东方文化地位的提高，东西文化交融的风格也在室内设计中多有表现。后现代时期室内设计发展的主要特点是：室内空间的功能、技术和审美都得到前所未有的重视和拓展，设计追求独具匠心、因时因势的创造，展现日益多元化的设计爆炸阶段。

七、21 世纪的室内设计新探索

21 世纪的室内设计是对 20 世纪设计的继承和发展，人类生存问题的复杂化使 21 世纪的室内设计包含越来越深刻的环境意识、人文意识内涵，

图 2-6-9　美国康涅狄格州米勒住宅（1970 年），彼得·艾森曼设计。穿插的几何形使空间产生奇异的效果。

图 2-6-10　华盛顿音乐表演中心（1995—2000 年），弗兰克·盖里设计。

图2-6-11　解构主义的室内空间具有很强的不稳定性和动感。

图 2-6-12 巴黎科斯兹咖啡馆（1987 年），菲利普·斯塔克设计。楼梯与钟形成奇异的视觉关系。

图 2-7-1 德国莱比锡宝马公司大楼，扎哈·哈迪得设计。强调信息时代的高科技。

强调建筑与自然生态之间功能和谐关系的"环境派"、主张复兴旧城市功能与活力的"新都市派"、强调信息时代高科技人性化的"智能派"等，在现代城市发展中都有很好的表现（图 2-7-1 ~ 图 2-7-3）。

在 21 世纪室内设计新的发展概念中，有这样几个问题是不容忽视的：①环境应拥有更高的人文内涵。现代生活越来越表现出人与真实感受的剥离，信息提供的超负荷建立起人的心理与生活现实之间的虚幻空间，因此更加需要室内空间建构历史关联、地域关联、文脉关联，以保存或激发人与历史、与现实的联系。②环境应拥有更高的科技内涵。室内空间包含人类科技领域内的发展可能性，科技在提高人工环境质量方面作用十分巨大。21 世纪的设计对科技持谨慎而开放的心态，对使用者而言，科技带来的室内生活的变化速度在不断提高。③现代环境的绿色与生态概念。这类概念强调对环境负面影响尽可能小而获取利用自然的效益尽可能大的设计方式，以综合考虑环境的能源和人的健康问题为基础，将人类生存空间价值建立在生态考量并有利于人生存健康之上。21 世纪再生材料与能源、可循环材料与能源的技术发展很快，对高效能源的利用、对不可再

图 2-7-2 位于丹麦首都哥本哈根 Bella 会展中心的 AC Hotel Bella Sky（丹麦 3XN 建筑设计事务所设计，2011 年开业）一楼过厅。连接大堂和图书馆、餐厅，绿色植物栽种的墙面从大堂酒吧一直延伸进来，是当代斯堪的纳维亚环境意识设计的代表。

图 2-7-3 位于瑞典最大工业城市——哥德堡市中心的 Quality Hotel 11 是一栋由造船厂的厂房改造而来的宾馆。设计师保留了原来工业建筑的特征，用北欧简约自然的设计语汇重新诠释了旧城市复兴的态度。

生资源的保护都是人类发展的主题，尊重自然、尊重人类生存和发展是未来室内设计的一种重要的发展取向。

因此，21 世纪的室内设计是向综合考虑高品质实用、高人文内涵、高环境安全的新人本主义发展，对空间创意的追求是建立在对自然保护、生存安全和人类发展的重视之上。

八、参考阅读文献及思考题

1.《外国建筑历史图说》罗小未、蔡琬英 编著，同济大学出版社。

2.《中国建筑史》潘谷西 主编，中国建筑工业出版社。

3.《外国建筑史》陈志华 著，中国建筑工业出版社。

4.《世界现代建筑史》王受之 著，中国建筑工业出版社。

5.《世界室内设计史》约翰·派尔 著，刘先觉等 译，中国建筑工业出版社。

思考题：

1. 古希腊和古罗马的基本柱式有哪些？

2. 古罗马建筑的主要类型和特点是什么？

3. 在选材上，中国建筑与西方建筑的区别在什么时代体现？

4. 中国家具发展为高制垂足坐家具是什么时候？对室内设计有什么影响？

5. 拜占庭建筑技术成就的原因是什么？

6. 哥特建筑的尖拱能解决什么建筑问题？哥特教堂室内设计有哪些主要特点？

7. 文艺复兴对室内设计发展有什么意义？

8. 巴洛克和洛可可时期家具设计的特点是什么？

9. "艺术与手工艺运动"与"维多利亚风格"室内设计的主要区别有哪些？

10. "新艺术"运动时期，室内设计语言的发展有哪些特点？

11. "现代主义建筑运动"时期室内设计表现的新目的和新思想是什么？

12. 密斯·凡·德·罗设计的建筑与室内、家具的形式特点有哪些？

13. 赖特的室内设计风格及形式特点是什么？

14. "装饰艺术"运动的室内设计风格有哪些特点？

15. "国际主义"风格有哪些优势与缺点？

16. 后现代主义时期主要的室内设计风格有哪些？它们各自的特点是什么？

17. 伊斯兰风格的室内设计主要特征有哪些？

↗ 第三章

↗ # 室内设计基本原理

从上一章描述的室内设计的历史中，我们可以得出一个结论：室内设计作为建筑设计的有机组成部分，随着人类社会的发展，表现出与人的生活体验越来越紧密的关系。尤其在现代世界，人生命中的大部分时间是在一些室内空间中度过。我们日常生活的各种行为发生的场所，绝大部分都是室内。室内空间作为人赖以生存的各类场所，它的设计依赖于对人需求的研究和满足。因此，在学习室内设计的过程中，我们必须探究室内环境物质条件与人的物质欲和精神需求的关系，才能够从更完整的意义上了解设计是如何服务于人，并满足人的生活需求，从而掌握成功设计的钥匙。

一、现代室内设计的基本观点

现代室内设计不仅要尽可能良好地实现空间的各种功能，也要表达现代生产技术的先进性和强调人文内涵，任何时代的室内设计都应该符合

人类社会发展的要求，在方法和形式上帮助解决建筑可能产生的问题和不足，现代室内设计基于现代的社会状态，存在以下一些基本观点：

1. 室内设计应当最大限度地满足使用者物质与精神的需要

室内设计最基本的目的是满足人在其间的多种行为和活动的需要，因此，设计首先必须考量人和人活动的各项物质特征。作为人和人活动的物质特征，我们要关注的有人的尺度、人的各种感觉、人的行为特点以及人的生理特征所支持的人活动的极限。

① 人的尺度

现代设计学科中有一门"人类工程学"，是对人的各种尺度——静态尺度、动态尺度、心理尺度等做专门研究。这一学科是现代室内设计的基础学科，主要体现在：第一，帮助我们认识如何增加家具和空间的舒适性。第二，为人的各种行为和动

图 3-1-1 现代人体工程学研究为家具制造和室内各种尺度的科学性、合理性提供最可靠的依据。

图 3-1-2 空间尺度设定不仅要考虑使用者的静态尺度，还要考虑活动中人的动态和心理尺度。此图中，长台的高度是由静态尺度决定的，但是长台的长度和背景是由动态和心理尺度决定的。

作程式设计提供可靠的依据。室内设计在功能设置上，包含为使用者行为编写程式的工作。例如设计住宅室内空间：玄关停留（穿脱外套、换鞋、检查钥匙等等）→起居室活动（娱乐、交流）、厨房活动（烹饪）、书房活动（学习、工作、娱乐）→卧室活动（睡眠、休息、更衣）→盥洗室活动，这就是一种行为程式设计，关系到居者的生活习惯、家庭组成、兴趣爱好等等。程式设计的合理性是对使用者尊重的体现，也是设计成功的基础。这些程式设计必然涉及许多人体尺度和活动模式的细节，室内设计的创意决不能回避这些问题，设计者对这一系列空间中所发生行为和活动的舒适性、气氛、安全卫生以及使用者的私密性都是负有责任的。三维空间各项尺寸以及家具的位置、尺度和相互关系的抉择，其基础就是人的尺度（图3-1-1～图3-1-4）。

②人的感觉

室内设计必须尊重和考量使用者丰富的感觉。人的感觉包括视觉、嗅觉、味觉、触觉、肤觉等，感觉使人可以不断地从环境接收信息并作出反应。

所以，室内设计决不仅仅是给人一个美的视觉关系就够了，而且是针对人的综合体验作出最佳的感觉配合。与室内设计各环节极为相关的除了视觉，还有肤觉和触觉。

针对视觉感受方式，设计者主要参考的是基本的美学原理。室内空间和界面的色彩、形状、质感等，可以形成空间中一系列的视觉图像，给人以丰富的美的体验和想象。"美"是有规律可循的，包含视觉要素一定的秩序和规律以及变化。古典风格最核心的内容就是对造物比例所产生美感的把握，20世纪设计的美学语言得到前所未有的扩展和丰富，美感的发生表现出极大的复杂性，不过它也还是在一定范畴和一定规律下发生的"人的感受"（图3-1-5、图3-1-6）。

肤觉主要指皮肤对空气的温度、湿度、清洁度的感觉等。现代室内环境可以依赖各种设备为封闭空间提供舒适的温度、湿度等空气条件，但是这也使人的生存进一步脱离了自然环境。现代的室内设计师应学会客观辩证地看待这一问题。一方面应重视人的肤觉舒适，另一方面也应从环

图3-1-3　观演空间在宏观上要设定观众的视角，包括横向和纵向以及避免遮挡几方面。

图3-1-4　住宅内部楼梯通常离公共活动区域如起居室、餐厅、主走廊比较近，是为了连接不同功能和不同楼层的空间，让使用者的活动更加便利。

图 3-1-5 新艺术风格的空间运用灵动变化的曲线关系,产生非常有吸引力的视觉效果和特殊的审美体验。

图 3-1-6 空间的界面、家具等组成元素在色彩、质感、形态等方面都可以形成呼应的关系,创造秩序与变化相协调的视觉美感。

图 3-1-7 适宜的温度、湿度是现代城市商业空间最重要的服务品质,对商家来说是吸引顾客的潜在要素,对客户而言是构成良好印象的直接原因之一。

图 3-1-8 温润的木材、柔软的织物、富于弹性的皮革组合成温馨而充满舒适质感的客厅空间。

境整体观出发对待人与自然环境的关系。不论从生物学还是生存学的角度，人都是自然界不可分割的一部分，人的生存是在适应环境与改造环境的平衡中推进的，因此对肤觉舒适度的考虑，设计师应将之归纳在整体环境的有机组成中，应重视人与自然共存的纽带关系（图3-1-7）。

20世纪末，触觉开始成为室内设计倍加关注的要素。一方面，触觉成为视觉以外广受关注的美感来源；另一方面，材料的物质与精神功能也都与触觉有紧密的联系。还有，由于社会对无障碍设计投入越来越多的关注，也进一步提高了触觉这一设计因素在环境设计中的地位。触觉提供给使用者更丰富的认知、象征、审美的功能，也是室内设计增加人性化内涵非常有效的方法（图3-1-8、图3-1-9）。

③ 人的生理特征和人的行为特点

室内设计赋予一处封闭空间以物质功能和特定风格，其目的当然是给人使用。为了使新创造的空间成为人们生活的有效组成部分，设计师就必须要重视使用者的生理特征和行为特点。确切地说，这是一个室内设计成败的关键所在。我们可以发现正是高谈阔论决定了演讲者与听众的距离，是菜谱决定了餐桌的形状，一切被使用的空间形式都应当是由使用的方式决定的。室内设计就是在设计一系列可能的行为方式，使用者的行为特征和生理特征决定使用的方式，也就在很大程度上影响了环境的形式。使用者的年龄、性别、文化背景都可以形成行为的特征，这在室内设计的前期研究中就必须予以确定（图3-1-10、图3-1-11）。

在研究人以及人的行为的基础上，室内设计应当最大限度地满足人的物质需要和精神需要。也就是在物质上的舒适、安全、方便、高效与精

图3-1-9　宾馆客房内的材质触感对人的感觉有直接影响，尺度越小的空间触感对人的作用越大。

图3-1-10　楼梯虽然没设扶手，但对于无幼儿和老人的家庭一般使用而言，并不会出现安全问题。设计者在这里大胆地突破了常规，达到空间个性的凸显。

图3-1-11　公共空间要在容纳众多人的同时提供清晰而多元的信息，所以空间尺度大，信息提供理性，主要视觉界面可以放置在较高的空间位置，符合较远距离的视角和大空间里人的行为特点。

神上的美感、认同感、归属感等相融合，才能创造人生活的良好平台。

2．室内设计是设计科学的、可持续发展的生存空间

现代室内设计，高度重视环境创造中的科学性。现代设计师重视并不断运用新的科技成果来改善环境，这包括各种新材料、新工艺、新结构、新设备等对室内环境产生的多方面影响。新科技成果在融入生活后，对人的价值观、审美观必然产生影响甚至造成改变，因此科技对生活的影响，构成了"科技运用于生活→生活改变观念→观念影响设计→设计运用科技"这样一种循环。现代室内设计师必须学会借助科学的方法，来分析并确立室内物理环境与心理环境的优劣。在现代室内设计的观念和评价当中，还有一个非常重要的发展观念，即"可持续发展"的观念。这是现代室内设计"科学观"的重要组成部分。传统观念中，往往将环境的科学含量视为运用新技术、新材料的多少，事实上并非新的创造就一定是进步的。现代设计更加关注环境整体的利用，是否建立在尊重未来的生存和安全的前提之下，也就是环境是否呈现"可持续发展"的态势，才是更重要的判断标准。新的材料、工艺、技术如果只能是当下的、短期的利用和享受，而造成不可逆的环境破坏和远期障碍，那么也就不具备设计的科学性（图3-1-12、图3-1-13）。

人类对自然环境的开发利用史，已经留下了由于无节制开发利用所引发的众多问题，正是对这些问题的不断反思，促成了更加进步的设计思想和发展观念。我国古人倡导的"天人合一"在

图3-1-12　纽约世界金融中心冬季花园（1980—1988年），西萨·佩里设计。玻璃与金属框架的大空间和高大植物的对比，体现设计师对现代建造能力的推崇和对人与自然关系的思考。

图3-1-13　可以单元组合的家具是节能高效的，也包含了环保和可持续的理念。

现代拥有了更为现实和合理的解释，这就是"可持续发展观"。它自 20 世纪 70 年代提出后，在西方和东方世界都受到了极大的重视和长久的倡导。室内环境创造的"可持续性"，包含对资源的珍惜、对环境的保护、对文化传统的保持，因此室内设计在科学技术利用的问题上，应受可持续发展观的限制。举例说，当精美的钢结构构件运用于现代展馆、商店、办公楼时，我们乐于将之暴露展现，这不仅体现技术和工艺，同时，也不会因过度包装产生浪费；但是，当其运用于加固受保护的古建筑时，我们却将它尽可能隐藏以维护传统形象的完整性。之所以区别对待，正是出于对科技的充分认识和对人类发展观的哲学态度（图 3-1-14）。

图 3-1-14　伦佐·皮亚诺设计的音乐剧场入口空间。高技派建筑乐于暴露其精致的建筑结构构架，不仅是一种展示，也避免了浪费。

所以，设计师在服务于建筑所有者和使用者时，也应当实施恰当的引导和观念的传递，使建筑环境的和谐包容对未来的尊重。

3．室内设计是把握历史文脉的艺术创造

正如我们把室内设计的科学性视为设计必不可少的基础，室内设计的艺术性也同样是空间生命力的源泉。室内设计不仅是物质技术的，更是精神文化的载体。从平面布局、空间组织到界面设计、家具配置，室内设计的艺术创造从每一个环节影响使用者的精神感受。

现在讲环境的时代性、地域性，并不是所谓追求美感与个性的噱头。人的生存是需要归属感的，因此环境的人文内涵是与人的价值直接相关的内容，是环境价值最重要的组成要素。当属于民族的符号或象征出现在环境中，其最不可忽视的意义，在于人可以从中寻找到对于自我存在的尊重和想象。现代室内设计师应当更加深入地研究历史，以此培养尊重文脉的能力。设计师应当像尊重人的生存权一样尊重传统，应当像珍惜生命一样珍惜历史，这与创造新的生活载体并不矛盾，反而能增加源于生活的艺术创造力。尊重历史文脉，正是尊重生活本身的一种表现（图 3-1-15）。

追求个性和艺术极端表达的设计者往往会提出"抛弃传统"的观点，这里有两点是需要澄清的：首先，抛弃传统的前提是充分了解传统，历史上所有对传统的突破都只能建立在真正了解传统之后。反之，所谓抛弃不过是不负责任的玩笑，难以确立新风格的精神内涵。其次，单纯为追求全新的艺术表现形式而创造，就不能称之为抛弃了传统，因为传统并不仅仅包含已有的艺术形式，更主要的方面是生活本身。其中蕴含着生存的价

图 3-1-15 旧金山文化东方酒店以简约精致的中国传统文化符号打造了极富文化内涵的空间形象。

图 3-1-16 西班牙太阳海岸安多兹饭店。运用传统装饰语汇，表现出浓郁的民族特色，对游客来说则是魅力四射的异域风情。

图 3-1-17 柯布西埃在设计朗香教堂时，虽然采用了近乎粗野的表现主义手法，但是宗教空间的精神象征性依然是建筑的核心主体。

图 3-1-18 黑川纪章事务所设计的花山博物馆内部（1997—1998年）。在简约的现代建筑语言中，日本传统的自然主义与理性审美表露无遗。

值观、道德观，不会被轻易抛弃。现代室内设计的核心是发展文化，而不是抛弃历史；进一步来说，现代室内设计要求设计师重视传统、研究历史，正是为了发展文化（图 3-1-16 ～图 3-1-18）。

二、室内设计的依据和原则

1. 室内设计的依据

室内设计的主要目的是在一定的经济条件下打造适用、美观的室内空间，所以就室内空间本身而言，设计时主要依据的是空间需要达成的功能、技术、美学的目标。

室内设计需要满足建筑预先设定的功能目标。不同的建筑有不同的功能目的，随着社会的发展，建筑的所有者和使用者也会提出越来越复杂的功能需求。设计对功能的设定应当是满足所有主要功能需求，此外争取满足部分次要功能需求，这样可以增加设计和空间的价值。要做到这一点，设计师需要提前分析空间的主要功能，做到完整不遗漏；同时在可能的次要功能分析上找出最能够增加建筑价值感的品种。功能的依据十分重要，不过建筑功能的复杂度还是具有相当的可变通性，主要功能当中也还有核心的和相对次要之分，设计师对此要有清晰的判断（图 3-2-1、图 3-2-2）。

在技术的运用上，室内设计受到当下技术的支持，同时也受到制约。设计师必须在设计前了解可能需要运用的技术，这包括材料技术、加工技术和使用技术等等。室内界面和组成构件都是技术的产物，对形式的创意想象可以是无限的，但是实现它们却是物质的、有限的。所有设计师都会发现设计的这种物质特征，并依据这种物质限制来尽可能地实现设计的功能和审美目标。在现代技术快速发展的条件下，设计师也可以发掘利用新兴的技术，创造建筑的特殊地位和象征性。譬如现代办公楼运用的"智能化"技术，能够大大提升建筑的价值感。这说明在有足够经济力量支持时，室内设计可以最大化地发挥技术的功效和价值内涵（图3-2-3、图3-2-4）。

所有室内设计都有达成审美体验的目的，根据建筑的功能和技术条件，设计师总是尽一切可能扩大设计对象在审美体验上的感受力。创造"美"作为室内设计重要的目的，可以根据建筑的特性、使用者的观念和使用的功能来创建。譬如纪念性的建筑，设计的依据就是创造纪念性审美体验的目的，大多会取对称、严谨的形式语言；而商业性空间则往往追求新奇特异的审美体验，达到吸引招揽顾客的目的（图3-2-5、图3-2-6）。

现代室内设计的评价，主要来自所有者、使用者和社会群体三个方面。设计师在实现这一类最贴近生活的设计时，必须关注来自以上三方面观念和目的的沟通和融合。而对三方面观念和目的的满足，也形成室内设计依据的另一个方面。我国目前室内设计的现状，对项目所有者的评价最为关注，出资方的目标和审美取向大多具有主导作用，一方面的原因是出资方对于资金的掌握代替了设计的判断，即经济核心力量大于文化核心力量；另一方面的原因是我国的设计发展还不够成熟，文化艺术的引导作用依然薄弱。

2．室内设计的原则

现代室内设计具有多样化的类型和风格，不同设计面临的问题都是具体的，也存在许多差异，但作为服务于现代社会和现代建筑业的重要一环，室内设计应当遵循以下几个基本原则：

① 整体原则

室内设计的整体原则包含两个方面的含义：第一，是指室内设计在设计的全过程中应满足整体环境以及环境中人与物协调的原则。设计的对

图3-2-1　路易斯·康设计的住宅。在住宅主要空间之外组织了富有意味的次要小空间，不仅使空间关系变得更具趣味性，而且增加了建筑的价值感和使用者的占有感。

图3-2-2　日本森代多媒体中心（1995—2000年），伊东丰雄设计。阅读空间设计得很有新意，符合多媒体主体的建筑性格，在主要功能外增加休息、查找信息等次要功能。

象不论是哪一类型的空间，都不是孤立存在的，而是有与其相关的建筑计划、环境定位、地域发展规划等内容，这些内容虽然不一定直接涉及室内设计，但在设计过程中应给予全盘考虑。第二，整体原则也指室内设计的内容应当是对室内环境整体性的规划。作为综合性的设计计划，设计者应对设计的进行方式和发展过程有深厚全面的认知，对空间应提供给使用者的功能与服务，相关的设备与工艺以及可能的社会影响等，设计者都应面对，并在设计中综合体现（图3-2-7、图3-2-8）。

整体原则是室内设计具体执行中最基本的原则。可以说，设计开始时的定位，包括功能、风格、投入资金等等一系列基础定位，都是整体原则的

图3-2-4 香港汇丰银行总部大楼（1979—1985年），诺曼·福斯特设计。高技派建筑充分发挥现代建筑技术的先进性，空间不仅具有强烈的未来感，在实用功能方面也具有很高的水平。

图3-2-3 日本森代多媒体中心（1995—2000年），伊东丰雄设计。建筑运用了先进的建造技术和设备、材料，使空间简约、实用、美观。地面的出风口使建筑的空调效能更高，夏天冷气保持在空间下部，冬天暖气则回旋在整个空间。

图3-2-5 奥地利维也纳维娜伯格大厦。带有柯布西埃现代主义建筑风格的室内精致明亮，符合大型公共建筑的审美特性。

图 3-2-6　德国马格德堡实验工厂。个性化的形态和色彩语言赋予空间对创造感的想象。

图 3-2-8　爱尔兰国家美术馆。室内与建筑、设备达成一致的设计，设计师将流线、展品展览、展品维护综合考量，形成简洁的高效空间。

图 3-2-7　美国马赛诸塞州剑桥技术学院。合理的功能空间分布、交通关系、建筑设备、材质色彩选择、家具设置、灯光设计等等，都被良好地统一在室内空间，为使用者提供日常活动的最佳支持。

图 3-2-9　德国波兹坦生物花卉馆。展现植物良好的生长状态和生物的多样性是这个建筑的主题，参观者的观看可以是多种视角的，参观路线迂回婉转，使建筑主题得以完整呈现。

图 3-2-10　法国韦尼雪多媒体中心图书阅览室。

结果，所以在很大程度上决定了设计作品最终的优劣。

②功能原则

室内设计是对满足人生活与工作需要的建筑内部进行规划设计，为了创造并实现相对完善的空间功能，室内设计遵循功能原则，主要包含三方面的具体内容：

第一，设计必须满足使用者使用空间的各种物质需求。室内空间的存在是为使用者提供各种特定"用途"。设计者选用的材料、技术、结构构造等都是为这些"用途"服务的，例如会议室的设计，不论其空间形状、色彩、灯光、家具尺寸、电气设备，设计的原则都是满足会议室的功能和使用者具体行为的要求，会议的规模、会谈的类型、所需要的空间氛围及相关硬件配置是此类设计的根本（图3-2-9）。

第二，设计应当物化空间的认知功能。空间的外在形式不仅提供使用者生活的物质平台，也具备向使用者传递信息的精神功能。室内空间所具备的形式因素，不论是形体、色彩、材质还是空间本身，甚至包括温度、气味都在不断地向身处其中的人传递信息。这包括向人指示空间所具备的功能和特征以及向人传达空间内涵的象征性这两方面的内容。例如仅仅采用密排的书架、明亮的灯光可以向购买者指示出一个明确的购书场所；而采用角度倾斜的结构、纹理优美的木质做书架，加上舒适无眩光的光环境，则传达出温馨、尊重、文雅等象征意味。设计者有效地利用各种形式因素，不仅可以向使用者传达正确的信息，还可以增加使用者的认同感和环境的存在价值（图3-2-10、图3-2-11）。

第三，设计应当完成空间的审美功能，正如马斯洛人本哲学研究所指出的：爱美，是人的天性。审美是人的一种高级的生存需要。也就是说，审美与生活原本就是不可分割的。因此，室内设计作品一经实现，它也就自然地具有了审美功能。事实上，设计完成其审美功能时，应当唤起人的健康的、和谐的美感情趣。因此，作为现代设计师，首先要全面地提高自身的审美素质，以健康和谐的人生观、价值观促动自身作品的审美体验。当设计师面对现代人类多元的、复杂的审美需求时，内心应当是自由、充满生机的（图3-2-12）。

③价值原则

室内设计的价值原则是指室内空间的设计在完成其必须满足的实际用途的同时，应在一定的投资限额下实现尽可能大的经济效果和额外价值。这可以从以下几方面来达成：

图3-2-11 伦敦凡·彼得森商店珠宝廊。材质、色彩、灯光共同展现了一个高贵、雅致、浪漫的空间。

- 通过设计者的风格创造或适应地域的特有
  文化或习俗，增加作品的人文价值和社会影响。

- 通过形式语言（形、色、质、声等）的有
  效组合，给人以丰富的想象空间，在投资限额内
  尽可能扩大作品的审美功能。

- 通过对实现作品的物质手段（材料、工艺、
  结构、构造）的选择和调整，使设计与实施相协调，
  高效率地、安全地完成工程施工。

- 拓展设计满足人需求发展变化的能力，在
  一定时期内适应人生活及审美观念的发展变化
  （图 3-2-13 ~ 图 3-2-15）。

图 3-2-13 伦敦市政厅，福斯特联合事务所设计。特殊的建筑空间给市政厅带来完全有别于传统的新意，建筑功能、技术与审美融为一体，表现出特别的文化价值。

图 3-2-12 澳大利亚贝尔康南 ABS 大楼。空间虽然简约，但在地面拼花、家具设计、服务台墙面设计等无处不体现设计者的心思，空间表现出新现代主义理性中的温情。

图 3-2-14 马里奥·博塔以象征的古典建筑语言构筑了极富纪念意义的空间。

图 3-2-15 日本藤泽市湘南台文化中心（1986 年），长谷川逸子设计。空间融合了后现代建筑价值观和日本传统符号，层次丰富、内容多元。

三、室内设计的要素

室内设计要素是指室内空间生成所运用到的各种形式语言和形式手段。主要包括空间、界面、构造、材料、色彩、光以及家具绿化装饰等内含物。对设计要素的掌握，包括对每一种要素在设计中的创造性构思以及对多种要素综合配置并表达设计中心理念这两大方面。

1. 空间组织

老子说："凿户牖以为室，当其无，有室之用。"意思是我们修门窗建房室，修的是实的事物，用的则是它的空间，是虚的部分。中国古人的阴阳虚实，并非艰涩难懂的纸上八卦，而是源于生活的朴素哲学。老子《道德经》中的这句话说出了建筑最本质的事物——空间。空间的特性主要有形状、尺度、方位、开放与封闭等。

① 形状

室内空间是由界面的围合形成它的形状。大部分室内空间是矩形的，有明确的天地关系，也有一些特殊的圆形、三角形、有机形态的空间。空间形状的依据主要是空间功能、建筑结构构造、地域文化特征等。比如说音乐录音场所，考虑声音的反射与混响效果，形状呈现避免对称，呈角度折叠等特点；飞机场因钢结构而呈现大曲面空间；游泳馆因比赛水道必然成矩形空间。这些例子说明室内空间的形状是可以多变的。但设计时并不是为变而变，而应根据实际使用的功能和审美要求来确立（图3-3-1）。

② 尺度

室内空间具有三维的尺度，人处在其中，因尺度而产生的感受是明显而强烈的。天主教堂之所以给人强大的震慑力，高耸的空间尺度的影响

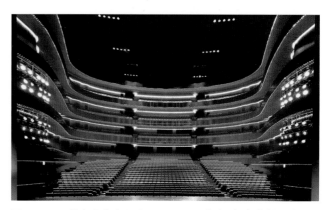

图3-3-1 松本演艺中心（2001—2002年），伊东丰雄设计。环绕式是演艺空间常常选择的空间形状，可以为观众提供以舞台为中心的放射状观看区域，是功能决定的基本形式。

图3-3-2 西雅图中心图书馆（2000—2004年）内局部空间。空间高度足够时，室内设计往往具有更大的自由度，可以创造更富有变化的空间。

是主要的。隧道之所以令人压抑紧张，低窄而绵长的空间尺度是主因。尺度是室内空间极有趣的一种特性，设计师良好地运用它，无疑会增加空间的意味、丰富空间的内涵（图3-3-2）。

③ 方位

方位是室内空间特性中具有相对性的一个概念。上下四方不仅表述一个空间的位置，也表明它与其他空间的关系。举例来说：当观者在观景电梯中由下而上，方位改变使观者眼中的空间更丰富也更有趣味；当观者从一个带冷色天光的北向房间走到温暖明快的南向房间时，空间方位变化所带来的感受变化是明显的。所以，一个聪明的室内设计师是会利用空间方位来大做文章的。我们从波特曼的流动共享空间可以体会这一点，在他的共享空间里，"方位"是一个主要角色（图3-3-3）。

④ 开放与封闭

空间的开放是指围合空间的界面打开或视线上通透。开放性越强的空间越呈现流动特点，封闭性越强的空间越呈现稳定的特点。空间的开放与封闭程度影响使用者的行为方式和心理感受。不同情况下，开放可能带给使用者安全、开朗、活跃、无私密感、拒绝、冷漠等不同感受，封闭可能带给使用者温暖、安宁、沉闷、压抑等不同感受。因此，设计者在设定空间的开放封闭程度时，应以使用者的行为为依据，并结合整体空间的组织来确定（图3-3-4）。

室内空间的组织是根据人使用的需求来进行整体安排，首先要明确设计需解决的问题，然后对空间群体的序列及特征进行组织。空间系统通过设计者的排序、组合，形成人使用时的一系列适用的、有价值的场所。具体的空间组织设计可以采用这样几个方法：第一，因地制宜。根据建筑提供的空间形态进行调整和优化。第二，适度变化。空间的形状、尺度、方位等要在设计时采取适度的变化，既为了适应空间功能的需要，也为了形成感受的丰富和美观。第三，注重视觉构图和心理体验。视觉构图应设置重点，较大较复杂的空间可以设置多个重点，使观者获得更饱满的心理体验。总的来说，空间组织的结果应当是适合使用、主次有序、有利于展现风格的空间系统（图3-3-5）。

图 3-3-3 亚特兰大市桃树中心（1958—1989 年），波特曼设计。48 万平方米的巨型建筑内部有典型的流动空间中庭，观景电梯、后退的楼层平台使空间的共享成为波特曼经典的空间形态，利用使用者在建筑内方位的变化带来生动的感官体验。

2. 界面设计

界面是空间的围合面体，可以是固定的，也可以是活动的。在室内设计中，界面是最直接的物质技术载体。界面设计是具体化的，涉及的主要有功能、形式两大方面。

① 界面功能的实现

作为空间的围合体，界面自然地具有围合空间、耐使用、美化空间、烘托氛围等基本功能。

图3-3-4 日本直岛艺术博物馆，安藤忠雄设计。开放与封闭的组合构成导向性和纪念性很强的空间。

图3-3-5 意大利 Padre Pio Pilgrimage 教堂（1991—1995 年），伦佐·皮亚诺设计。建筑结构参与空间形态构成，使观者产生饱满丰富的视觉和情感体验。

图 3-3-6 贝聿铭先生擅长现代主义的简约、功能化的手法,华盛顿国家图书馆东馆是他三角形建筑语汇的最成功范例之一。选用的米黄石材和玻璃金属框架的搭配将功能与审美很好地结合在一起。

要实现这些功能,第一,先要慎重地选材,材料的物质属性要满足界面所处部位的使用功能。第二,要将材料以适当的构造关系组合。第三,对界面的视觉、触觉等感觉效果进行整合设计。这三个步骤在具体设计中是不分前后、综合考量的。例如贝聿铭为华盛顿国家图书馆东馆选择了亚光的米黄大理石来作为入口大厅墙、顶、地面的主要材料,使图书馆的使用功能、氛围的中性高雅、石材连接安装的构造都得以同步确立(图 3-3-6)。

② 界面形式的整合

界面的形式语言不外乎形、色、质三大元素。界面依靠这三大元素的内在联系而产生视觉和其他感觉的综合感受。对界面形式的整合是符合美学一般规律和法则的。这主要有相关于量的美学法则——平衡、对称、整齐一律,相关于质的美学法则——比例、调和、对比,还有相关于度的美学法则——和谐、韵律等。受篇幅所限,本书不对这些美学法则作具体讲解,只举一些实例对这些法则作部分阐明。另外要说明的一点是,界面形式整合的难点是不同材料间的过渡和衔接(图 3-3-7、图 3-3-8)。

图 3-3-7 界面由小面积材料组合形成曲线,产生丰富多变的视觉感受。

图 3-3-8 这个后现代风格的室内空间将材质、色彩、形态以混杂的方式协调一致,产生婉约雅致的审美体验,空间要素间多样化的对比产生整体的平衡,颇富韵律感。

3．材料与构造

实体界面是由各种材料构筑而成的，所以材料是室内设计的物质基础，构造则是众多材料构筑连接的方式。材料与构造都属于设计利用的物质手段，也是人类物质文化成果的表达。

① 材料的选配

材料按其形成特征来分，可分为天然材料与人工材料；按其质感属性来分，可分为硬质材料与柔软材料、精致材料与粗犷材料；根据加工制作的效果，材料还可以具有视觉或触觉的不同肌理表现。室内设计可利用的材质种类繁多，设计师需要根据材料的物质属性及其可适应的功能要求进行选择，从而为使用者创造极为丰富的感受力和审美体验。

善于用材，是设计者创造魅力空间作品的基础。善于用材表现在两个方面：第一，是对材料属性的真实表达。材料都具有自身独特的品性特点，在设计中真实地将之表达出来，发挥它们各自的物质与精神的功能，是创造美的一种重要方式。例如展现木材的天然纹理、温润触感，强化金属材料的受力优越性和多变的形体表现力，释放玻璃材料光影的魅力和无限的加工可能性，这些都是对材料特性自然的、真实的运用。这样的运用，使材料既构筑了空间的实用性，又承载了文化的内涵（图3-3-9、图3-3-10）。第二，善于用材还体现在对材料适当的加工手法的运用。材料肌理的产生主要来自加工技术的作用。不同的加工手段可以大大增加材料的表现能力。单以木材的切割角度不同为例，就可以产生直纹、花纹、山纹等不同纹理。而现代加工技术的进步对材料更是产生了极大的影响。从物理方法到化学方法，一种材料可能会具有几种到几十种不同的肌理表现。这大大增加了设计者艺术表现的自由度，

同时也对设计者的艺术修养提出了更高的要求（图3-3-11、图3-3-12）。

再有，材料是消耗资源和能源的产物，对人生存环境的健康也有直接影响，因此选材时应以科学性、环境协调性和舒适性为依据，使材料不仅创造环境，也顺应环境、改善环境。对于使用时间较短的空间，选材应当取可再利用的材料为佳；而对于长时间使用的空间，耐久的材料就是良好的选择。我国现代展览业就经常造成大量的

图3-3-9　路易斯·康对材料真实性的追求始终贯穿在他的设计当中，每一种材料都以最自然的方式呈现，将功能、受力、审美共同呈现。

图3-3-10　赖特在美国大急流城设计的梅住宅客厅。各种材质都表现出真实的特征，赖特利用墙面金属嵌条的反光形成内部空间与外部的光影联系。

浪费，许多材料的选择就是为了施工的快捷和短暂的效果，展会结束就变为垃圾。如果更多地采用可以重复利用的结构和面材，不仅可以更好地适应当前全球面临的环境困境，也可以创造更富时代感的形式（图 3-3-13）。

② 构造

在室内设计中，不同材料的搭配关系，主要是通过各种构造手段建立的。构造对于材料表现的真实性和美感有直接影响，并且构造的手段也直接关系到工程质量的好坏。好的构造不仅是良好功能的基础，本身也蕴含着对文化的展现。勒·柯布西埃在推广"居住机器"概念时指出：批量化生产房屋，让它有益于人的健康而且美丽，就像伴随着我们生存的工具一样美丽。他的概念主要体现和强调的正是建筑内环境的生产制造过程的美，这种美来自良好的模式化的构造和加工工艺。

图 3-3-12　金属、石材等材质都具有各种不同的加工方式，为设计提供多样化的选择。

图 3-3-11　许多人造材料都具有多样的加工方式和产生不同质感的能力。玻璃是最典型的一种，根据加工方式不同可以表现不同的透明度、质感、色彩等变化，成为现代设计师空间塑造的重要助手。

图 3-3-13　以纸质材料为主建筑的空间，材料在建筑失去利用价值后还可以恢复成纸浆再利用。

它们不仅使建造过程更加便利，也使使用者感受到环境和物的舒适、自然并引发审美感受。例如设计师通常会在室内顶、墙交界处作一些或加或减的处理，不仅使墙、顶材料之间的过渡更自然，也使交界线可能存在的缺陷（如不平整、不挺直等）被弥补或弱化。再如我们处理相同材料的衔接所采用的不同的构造关系，有离缝、覆盖重叠、交错咬合或以其他材料间隔等等，手法有异则效果不同（图3-3-14、图3-3-15）。

在选择构造关系时，应注意这样三点：第一，单纯化。构造关系尽可能简单明了，不要把简单问题复杂化。第二，功能化。构造关系要支持材料使用过程中的受力，使其耐用、牢固。第三，风格化。构造关系的明确、精致、合理，可以使设计具有独树一帜的风格魅力，使设计成为有生命力的作品（图3-3-16）。

4. 光与色彩

光和色彩都具有生成、改造、再创、变化、渲染空间的多重作用，是设计中最活跃最具视觉影响力的要素。根据人体工程学的实验，色彩对视觉的刺激是第一时间发生的，其次是光影关系，而光又对色彩有直接影响甚至是决定力量，不同的光环境或光的特性可以改变人眼对色彩的感知。在室内这一类有限的空间中，光与色的关系复杂而密切，光与色的设计不仅参与实用功能，还具有巨大的精神功能，对人的心理和行为产生主动的影响。

① 光的特性与光的控制

光的特性主要有照度、光色和显色性。

照度是光给人的明暗感觉，以光通量（单位是流明，用lumen或lm表示）来衡量。光源的角度、位置可以决定在空间的不同位置形成不同的照度。

图3-3-14 楼梯的构造体现了简约、精致、功能化，每一个构件与其他构件间的关系都明快、清晰、合理。

图3-3-15 不同材料间可以采用多种构造方式隐蔽缺点、体现美感。墙角处玻璃位于木制吊顶上方，使几个面之间最容易有精致度缺陷的细部有所隐藏；木顶与水泥粗糙面的连接时的插入方式，使水泥粗糙面有自然的收头。表现出设计师对构造的成熟把握。

图3-3-16 现代感强的材质需要精致简约的构造体现其性格特点。

例如，一盏点亮的台灯，会在暗空间形成一个光的范围，从而产生了空间的再划分，形成虚的界面和独特的氛围；酒吧、咖啡馆等场所经常利用低照度和点光源，营造出神秘气氛和私密感。光照度的不稳定或闪烁变化对人体健康具有不良影响，而适度且稳定的照度具有愉悦和鼓舞人心的作用（图3-3-17、图3-3-18）。

光色是光给人的冷暖感觉。光色是由光源的色温（单位是K）决定的。色温越低，感觉越暖；色温越高，感觉越冷。一般我们将3300—5300K之间的色温范围称为中性色，小于3300K为暖色，大于5300K为冷色。光色对于气氛营造有显著的作用，特别是与照度相配合，更能强化空间的感染力。高照度低色温给人感觉热烈，低照度高色温给人感觉阴森。所以通过照度与光色的配置，设计者可以创造这两种极端感觉之间的丰富气氛。另外，光色对于材质的表现力也有作用。一般冷光适于表现透明体或亮反光材质，而暖光适于表现亚光或粗犷的材质，光色可以强调或弱化质感的效果（图3-3-19、图3-3-20）。

显色性是光表现真实色彩的能力。光是一定波长范围的电磁波，光含有的波长范围完整，则显色性能优；光含有的波长范围不完整，则显色性能差。显色性以显色指数（Ra）表示，Ra最大值为100，是自然光的显色指数，人工光源的显色指数呈现从优良（Ra > 80）至差（Ra < 50）的变化。显色性优的光源条件下，色彩真实，反之则色彩失真。例如用红光打照红色物体，色彩鲜艳，而如果用红光打照蓝绿色物体，则呈现灰色。室内设计常常会涉及一些仅由或主要由人工照明控制的空间，例如展厅、博物馆、地下空间等等，这些场所的色彩表现是十分依赖光源设计的（图3-3-21）。

光的控制除了根据光源特性来表现空间、烘托气氛外，也可以根据布局和光源形状特点呈现点、线、面的变化，从而参与空间形态的构成。另外，

图3-3-17 住宅的光环境设计追求温馨的气氛，因此不能采用大面积的高照度普光照明，点状光源可以在空间中形成丰富的光影变化，照度可以在局部较高，整体应该柔和。

图3-3-18 追求神秘感、特异感的空间可以采用低照度、冷色光源，局部辅以暖色来平衡空间色调。

光除了发挥照亮空间的功能外，还具有显著的突出空间主次、加强立体感等作用，光的实用性和装饰性都是光设计关注的问题。此外，避免眩光也是光控中要慎重对待的一个主要问题（图3-3-22、图3-3-23）。

② 色彩的特性与色彩的运用

色彩的特性包括色彩的三大属性和由其产生的独特的色彩心理。色彩三属性是色相、明度和纯度。色彩心理是由客观色彩刺激下人主观的心理反应，主要表现为色彩的物理效应和情感效应。

色彩的三种属性都呈现出无限变化的可能，这使色彩成为设计中最富变化的要素。明度表示的是色彩的明暗程度，在视觉美感产生的过程中，明度关系是非常重要的影响因素。空间的立体感、层次感以及形态的呈现，都主要来自明度的区别。色相表示的是色彩的相貌，也是物质自然的属性。纯度表示的是色彩色相

图3-3-19 透明感的材质适合用冷色光表现。

图3-3-20 粗糙厚重的材质适合用暖色光表现。

图3-3-21 商店灯光设计一般要求显色性高，才能准确地表现商品的色彩、质感。

图3-3-22 光设计可以参与空间的造型，与界面间形成良好的配合关系。

的强弱程度，纯度越高色彩越鲜艳，纯度越低越接近灰色。室内设计的风格，在相当程度上是依赖色彩的三大属性的。例如白色派运用的白色和高明度低纯度色彩，风格派运用的红黄蓝三原色与黑白灰，洛可可设计运用的高明度色彩搭配中等色相对比等等，这些例证说明色彩是创造风格的有效工具，是不可忽视的设计语言（图3-3-24、图3-3-25）。

色彩还具有视觉物理效应，包括色彩的温度感、距离感、重量感、尺度感等。色彩的情感效应则包括色彩给人的各种积极的或消极的情感体验以及色彩的象征含义。这些丰富的色彩心理帮助设计师有效地传达物的信息，创造多层次的联想，使室内环境的物质功能和精神功能发挥得更好（图3-3-26）。

图3-3-24 高彩度的灯具在空间形成视觉焦点，与其他无彩界面形成强烈的对比，突出了吧台的个性与重要性。

图3-3-23 照度充足、无眩光的空间给人温和、开朗的感受。常常用在功能性强的公共空间，如图书馆、文教建筑、交通建筑等内部。

图3-3-25 柔和的高明度、低彩度色彩搭配在灯光的影响下带有统一的暖色气氛，使空间在淡雅格调中突出了线脚面块的节奏变化。

图3-3-26 橙色到橘红的高彩度改变了理性严谨的空间，产生生动热情的气氛，并且使宽敞的通道空间尺度感减弱，具亲和力。

室内设计中色彩的设计应满足几项基本要求：第一，满足空间的实用功能。第二，满足空间使用者的特定需求。第三，改善并弱化空间的缺陷。第四，满足空间的整体性设计。使用者所具有的不同年龄、民族、性格、时代的审美取向、社会的文化特质以及空间本来的实用目的等都会影响色彩的表现，因此，设计者应当将材质、光影、色彩综合考虑，为室内空间创造适用的、美观的色彩环境，使室内空间完整和谐。

5. 室内空间内含物的搭配

室内空间内含物包括家具、陈设品、绿化及其他装饰等，在讲求人文内涵的现代社会，室内设计越来越重视内含物的搭配和它们在空间与人的关系上所起到的作用。以功能来讲，室内空间内含物也同样具有物质与精神的双重功能。内含物是完整的室内设计不可分割的一部分，它们必须与其他要素形成协调统一的关系。一件成功的室内设计作品，必然包含设计师在空间内含物设计或搭配上下的功夫。设计理念的传达、空间意境的创造，都与内含物的选择有直接关联。

① 家具与空间

家具是空间实用功能的载体，家具可以反映空间使用的目的、方式、规格、等级等特性。家具与空间相互依存，空间是容纳展现家具的场所。家具是分隔组织空间的一种主要手段。因此，对家具的选配应注意以下几点：第一，家具应当使用舒适，满足人体及人行为的物质特点。第二，家具应结构合理、造型美观，与室内空间有机结合。第三，家具应展现个性，追求文化内涵的表达。例如我们为一个家居的客厅选配沙发。首先要坐靠舒适、软硬适度，尺度应符合空间的限制，不能过大也不可太小，色彩与形状要与空间性格相协调；另外，沙发的风格、制作工艺、材质色彩本身也应具有独特的展示自我、表现文化的能力。室内设计师设计工作中一项重要的任务，就是配置与空间完美协调的家具（图3-3-27、图3-3-28）。

② 陈设品与空间

陈设品内容丰富、范围广泛。陈设品在空间中的主要作用是表现个性和思想内涵，与使用者的精神需求有紧密关联，在这一点上，陈设品与艺术品很类似。它们都注重品位与观赏价值，都能形成视觉的吸引力和情感上的感染力。常用的陈设品有字画、雕塑、盆景、照片相架、民族工艺品、收藏品、日用装饰品、玩具等。陈设品的选配应注意以下几个原则：第一，协调原则。主要指陈设品的形、色、质与空间功能与美感协调。第二，适度原则。指陈设品的数量、大小、品种、位置要与其他设计要素形成统一平衡的关系。第三，展示原则。指陈设品应当拥有能展示其魅力的空间。杂乱无序、堆积重叠的环境是不可能充分展示陈设品的美感的，陈设品也就失去了意义（图 3-3-29、图 3-3-30 ）。

③ 绿化与空间

中国传统文化对绿化与人居的关系是极为重视的，现代室内空间也同样将绿化的地位不断提高，使其发挥美化环境、改善环境、怡情添色的作用。绿化是大自然创造的生命精灵，生命感是它们美感的基础。在室内设计中，设计者不但要发挥绿化的多重功效，也要为绿化创造良好的生长环境，对光、空气、水环境进行有效的控制，有组织有系统地立景造境。

植物有木本、草本、藤本、肉质多种类别。观其形色姿态，在搭配时应注意以下几个问题：第一，发挥植物天生的性格，创造室内气氛。如松柏的庄重、蒲葵的潇洒、兰草的幽雅、玫瑰的

图 3-3-28 家具是空间造型的重要组成部分，合适的家具可以有效地增添空间的风格特点和价值感。

图 3-3-27 尺度宜人、个性饱满、使用舒适的家具是现代家居的重要组成部分。这个住宅将柯布西埃设计的家具与北欧人性化的简朴家具组合在一起，打造空间舒适、适用而个性化的特征。

图 3-3-29 具有很强展示效果的陈设品起到空间画龙点睛的效果，数量少但是影响面大。

图 3-3-30　质感粗犷的旧家具和绘画使这个仓库改造的住宅充满艺术气息。

图 3-3-31　梅花的冷艳与简雅的空间、带东方情韵的齐彭代尔式座椅形成很好的互补。

热烈，可以根据室内功能的需要选择配置。第二，发挥植物形态特点，或分隔或限定或引导或填充空间，参与营造空间的层次与构图。第三，发挥植物的色彩特点，丰富或调和空间的色彩体系。第四，注意植物的生长特点和对气候土壤条件的耐受力，适合室内的植物大部分原产南美洲、非洲、东南亚等低纬度地区，喜湿耐阴，但抗寒抗高温能力一般不佳，多数都需要细心照料。有的植物不适于长时间置于室内，还应适时地更换（图 3-3-31、图 3-3-32）。

室内庭园是近年来颇受关注的造景方式。在大型的商业空间、公共空间中，构建精巧妙丽的庭园景观，不仅增加意趣，也能明显地调节空间氛围。室内庭园与室外庭园一样，注重水、石、植物、建构、光影等构成元素综合创造的意趣，但室内庭园会更加注重周围环境的协调性和有限空间的局限性（图 3-3-33）。

图 3-3-32　雕塑感强的仙人掌成为空间不能缺少的装饰元素，简约的对比却产生丰富的审美体验。

图 3-3-33　Embarcadero 中心，波特曼设计。大空间整体被打造成绿色庭院，生机盎然。

图 3-3-35　陈设品甚至包括部分家具，既是收藏，也是装饰。

图 3-3-34　与空间同色调的窗帘起到增加并柔化空间层次的效果，浓郁的东方情调的装饰和陈设品增添了意趣。

④ 软装饰与空间

软装饰包括大部分的陈设品、绿化以及窗帘织物布艺等。我们已经讨论过陈设和绿化，在这里主要对窗帘织物布艺一类软装饰再作一些阐释。织物类装饰用品对室内空间效果影响很大，其重要性虽不像衣服对于人那么不可或缺，但在大部分空间中，也是不容忽视的构成要素。织物类品种繁多，从其作用性能来说，不仅参与空间的用色、光影、造型、气氛等，还具有吸音、保温、保护等功效。并且，由于织物丰富的视觉和触觉质感，对于人在使用空间时的舒适度，也是有直接影响的（图 3-3-34～图 3-3-36）。

图 3-3-36　空间中的每一件物品都简约而富于艺术感，可以说是软装饰营造了整个空间。

四、参考阅读文献及思考题

1.《光与色的环境设计》日本建筑学会 编著，机械工业出版社。

2.《室内人体工程学》张月 编著，建筑书店出版社。

3.《建筑、室内设计创新材料应用》布朗内尔 编著，中国电力出版社。

思考题：

1. 室内设计的基本原则有哪些?

2. 现代室内设计为什么特别关注人文内涵?

3. 室内空间与界面的关系如何?

4. 界面设计的选材要注意哪些主要问题?

5. 光设计需要把握哪些光的特点?

6. 室内设计中构造的重要性如何?

7. 室内设计要素包含哪些内容?

8. 家具与室内空间的关系如何?

9. 软装饰在现代室内设计中的价值和作用是什么?

10. 你对绿色建材和环境保护如何认识?

第四章

居住空间的室内设计

衣食住行是人们生活的基本要素，在整体生活水平得到显著改善的今天，越来越多的家庭关注居住环境的舒适性和居住品质的提高。房地产市场的兴盛带动了家装行业的发展，家装设计以及与此相关的建材、装饰、家具等成为持续多年非常红火的行业。在装饰装修行业中，家装属单项投资不大但总量可观的一类。我国家装行业的发展已有三十多年，据统计，家装行业的年产值几乎都以百分之二十几的速度在递增，现已达到一年超万亿。可见居住条件和品质的改善已成为百姓生活的重头戏，而家装设计在其中起着主导作用，引领家装的发展方向。

一、认识居住空间

居住空间是为居住在一起的、以家庭为单位的人群提供居住生活功能的建筑内部空间。居住空间品质对于每个家庭来说都是非常重要的。绝大多数人的一生中有超过三分之一的时间是在家里度过的，而家是影响人一生的外部环境，不仅提供给人们固定的、有归属感的栖息之地，给家庭成员的身心以安全感，而且对孩子的成长、性格的形成等都有密切的关系。家庭是否和谐与稳定将会影响其成员的品行、处世态度，甚至对社会的秩序和稳定也有不容小觑的作用。

从人类居住空间的变迁历史我们会发现，其室内环境与生活方式密切相关，不同时期居住空间的形式与品质带有明显的时代烙印，受到当时经济、科技、文化等因素的影响（图4-1-1~图4-1-3）。

家居空间环境是构成"家"的物质要素的一部分，人们对它的基本需求总是恒定的。但人们在社会环境中的地位、经济收入、文化教育程度

图4-1-1 庞贝维蒂府邸（公元前2世纪）中庭，墙面上考究的马赛克装饰遗迹反映出当时的贵族对生活品质的追求。

图4-1-2 英国埃塞克斯的海丁汉姆城堡（Hedingham Castle，约1140年）。当时的封建领主为了收税和巩固统治，连年往来于各领地的城堡之间，为了方便搬迁，家具都较矮小，就连衣物的存放也是用开盖式的箱子。城堡更注重防御的功能，装饰比较简陋。

图4-1-3 现代的居住空间有了各种设备和设施，满足人们的各种生理和心理需求，而空间的装饰风格反趋简约化。

等都会影响其对居住空间品质的追求而造成高层次需求的差异性。因此，居住空间的室内设计对于不同的住户来说，既有共性特征，又有个性需求（图 4-1-4、图 4-1-5）。根据著名心理学家马斯洛的需求层次理论，我们可以把人对居住空间的需求按以下五个层次来划分（图 4-1-6）：

1. 生理需求

包括呼吸、水、食物、睡眠、生理平衡、分泌、性。这就要求居住空间内应有新鲜的空气，保持良好的通风换气与空气品质；应该能够供应干净的饮用水，以及洗涤、盥洗沐浴、如厕用水；应该能够方便地存储、加工食物，能舒适地品尝食物；应有安静舒适、具有较高私密性的睡眠空间和相应的家具设施等等。

2. 安全需求

包括人身安全、健康保障、财产所有性、道德保障、家庭安全等。细化到居住空间中，对人身安全的要求，主要是居住空间应具有防火、防触电、防跌倒、防坠落、防碰伤等措施（表 4-1-1）；对健康保障的要求，包括身体和心灵的双重健康，就是要避免各种不健康的、致病的因素

（表 4-1-2）；对财产所有性的要求，主要是防盗和防灾（表 4-1-3）；道德保障涉及家庭伦理，可以通过空间秩序来保障（表 4-1-4）；家庭安全是以上各项的总和。

3. 社交需求

人是社会属性的动物，对社交的需求不仅仅局限在家庭以外的社会上，在家庭内部也同样需要，具体表现为在居住空间中进行家庭团聚或亲朋好友的聚会活动。其中有一些人出于工作的特殊性，可能需要把部分社交工作应酬延伸到自己的居住空间中。在互联网的运用无处不在的今天，网上的虚拟社交也变成了满足人的社交需求的一种方式。由此，对居住空间来说，应该根据家庭社交的特点安排适当的场所，营造一定的团聚气

图 4-1-5 同样是卫生间设计，设计师考虑到此卫生间是户中唯一的盥洗空间，为提高空间的利用率，减少家庭成员之间的相互干扰，把使用时对私密性要求较低的洗脸池单独设置在过渡空间中。悬挂式洗脸池和各个界面上的直线条，勾勒出简约和精致。

图 4-1-4 卫生间是每个家庭都需要的功能空间，提供洗浴如厕的功能，虽然卫生设备的配置无外乎浴缸或淋浴房、坐便器、洗脸盆等，但这些设备具体如何安排，式样和颜色如何搭配却是因人而异的。这个卫生间就是运用极简主义的手法，黑白色作为基本配色，点缀红色，营造时尚感。

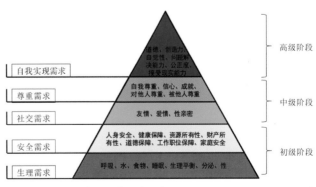

图 4-1-6 马斯洛的需求层次理论（Maslow's hierarchy of needs）。

氛。例如，一般家庭的内部社交空间为起居室和餐厅，而有品茶习惯的家庭，如果有充足的空间，可以规划一处茶室；而对于家中有小孩的家庭，亲子空间（即可以让父母和孩子一起参与某种活动，从而帮助孩子更好地成长的空间）将会显得更为重要（图4-1-7）。如果家庭成员热衷于在家里搞各种派对，喜好把外部社交带回到家里，那么就需要比较宽敞的会客厅、娱乐室和餐厅，露天烧烤空间也会是颇受欢迎的。而对于喜欢在网上社区进行虚拟社交的家庭成员来说，网络和电脑的硬件配置也许比空间环境更为重要。但当过度虚拟社交侵占了家庭成员之间的直接互动需求

内容	措施
防火	1. 主动防火：选用不燃或难燃性装修材料，确保电气系统有足够的容量，线路连接正确，有效的过电流和漏电保护； 2. 被动防火：安装火灾探测器，配备灭火设备，确保消防疏散通道畅通。
防触电	1. 有效的漏电保护； 2. 家用电器设备质量合格，定期保养和维护； 3. 潮湿环境里选用可靠的防水开关和插座。
防跌倒	1. 地面上避免无谓的高低变化，在有必要设置地面高低变化的地方应用特别照明或材料变化做出显著的提示； 2. 地面材料具有防滑性，在潮湿、油腻的条件下也不会造成家庭成员（特别是老人和小孩）滑倒。
防坠落	1. 楼层住宅外窗的开启高度不宜过低，如果低于800mm，应采取有效的防护措施，有小孩的家庭，外窗的开启宽度宜通过限位进行设定，避免大于小孩身体的厚度； 2. 室内楼梯和悬空处的栏杆扶手应符合安全高度，楼梯扶手高度自踏步前缘线量起不宜低于900mm，临空处的栏杆扶手高度不应低于1050mm，栏杆式样应不易攀爬，镂空处大小应避免小孩掉出； 3. 对于以储物为主要功能的家具，其最高一层的搁板设置高度不宜高于人直立时上肢的伸够高度，避免因垫物取物而造成坠落的可能。
防碰伤	1. 在主要通道和家人经常经过的区域里，墙角、桌角等转角部位宜设计成圆角，避免与人体发生磕碰而造成人体损伤； 2. 有突出部件的家具、灯具、装饰等，其突出部位的高度应大于所有家庭成员的身高，或使其位于人正常行走和使用状态下不会碰到的位置； 3. 玻璃之类的易碎品不宜设置在家中的通道上，应有明显的标志易于分辨，大块面玻璃应选用钢化玻璃或夹胶玻璃等安全玻璃。

表4-1-1　人身安全需求。

内容	措施
空气	1. 保持清新、适宜的温湿度与含氧量； 2. 避免苯、二甲苯等有害致癌物质的残留； 3. 避免氡等放射性物质的积聚。
阳光	1. 家人经常活动、团聚、停留的空间宜有充足的日照，可促进人体钙质的吸收，也易获得良好的心境。 2. 避免阳光直射电视和电脑屏幕、书桌等工作面而造成的眩光和视觉疲劳。
水	1. 饮用水和洗涤用水宜分开供给，确保饮水安全、优质。 2. 供水管道宜采用防腐，不锈，抗菌，易于连接、安装和维修的材料，如聚丙烯管（PP-R）等。
防噪音	1. 居室与外界之间应有良好的隔音措施，防止外部噪音影响家庭生活； 2. 居室内部功能布局、空间组织应合理，做到动静分离，避免家庭内部团聚、会客、娱乐、视听、烹调、洗涤等活动产生的噪音影响睡眠、阅读、家庭办公、学习等要求安静的行为； 3. 对于视听、娱乐空间宜做针对性吸音降噪设计。
防污染	1. 装饰材料应尽量选择绿色环保建材，避免存在污染源； 2. 户内保持良好的通风换气，降低污染物质的积聚； 3. 界面造型设计应利于清洁打扫，避免细菌螨虫的滋生。

表4-1-2　健康保障需求。

内容	措施
领域	1. 用适当的、符合设计规范和使用者文化习俗的方式界定住宅空间的边界。
防盗抢	1. 利用现代高科技产品，外门安装有门禁系统，通过有效的身份识别来开启入户门； 2. 外门和外窗应有牢靠、防撬的锁闭装置，宜与防盗报警器联动； 3. 在靠近外门和外窗的室内部位安装红外线入室探测报警装置； 4. 重要的贵重物品宜有专门的设备加以保管，必要时可以设计成外部不易察觉的密室。
防灾	1. 防火（具体内容参见表4-1-1）； 2. 对于建筑的原有结构应保持完好，不能为了扩大居室空间或视觉上的要求而破坏结构，造成安全隐患。

表4-1-3　财产所有性需求。

内容	措施
家庭伦理	1. 设计时充分考虑家庭成员个体的私密性需要，安排足够的卧室空间； 2. 内部公共空间的设计应营造家庭祥和、促进沟通交流的氛围； 3. 空间层次上宜考虑内外、公私有一定的区分。
心理作用	1. 设计风格及选用的装饰用品宜体现积极向上的审美情趣； 2. 色彩搭配宜让人心情舒适，有助于解压和放松心情。

表4-1-4　道德保障需求。

时，人们就会反思，会回复到真实社交中寻回现实的感情归属。

4．尊重需求

在家庭内部主要为自我尊重、"对"或者"被"其他家庭成员的尊重，体现在对居室空间的要求上可以用私密性、独立性、家庭秩序、个性化这四个方面来概括。针对私密性要求，设计时应注意内外分区和动静分区；针对家庭成员个体的独立性要求，应提供其可供个人支配的空间区域；而出于对家庭秩序的要求，可以运用一定的设计要素来界定居室空间的主次关系和序列；个性化要求可以通过不同的设计风格来满足。

5．自我实现需求

这是人类高级阶段的需求，只有当前面几个层次的需求得到满足以后，人们才会对此提出实现的愿望。在家中，表现为利用业余时间培养兴趣爱好，或是为了进一步提高和发挥自身的潜能而学习充电或加班工作。对于前者，设计师应根据家庭成员的兴趣爱好来规划种植、宠物饲养、绘画、习乐空间，抑或能满足多种功能需要的家庭活动室；对于后者，专用的书房或工作室就是必不可少的（图4-1-8）。

综上所述，居住空间所能提供的功能和室内环境的风格应由各个家庭及其家庭成员的具体需求所决定。对于设计师来说，研究需求是重要而且必须的。

车库层平面

家庭室的亲子空间

地下室平面

一层平面

← 入口

图4-1-7　当下有很多别墅开发项目采用阳光地下室的概念来吸引客户，室外有下沉式庭院的地下室引入了阳光，使地下室除储物功能以外还有其他的利用价值，作为家庭团聚和亲子活动的家庭室就是不错的选择。

二、居住空间室内设计的前期工作

正如本书第一章中所提到的，任何室内设计项目在正式进行方案设计前，都需要完成委托设计合同（协议）的签署、明确设计任务书、进行现场勘察，以及对使用对象进行调研这四个方面的工作。

对于居住空间的室内设计，由于大多数项目的总造价不高，设计收费标准有别于非住宅类项目，一般不以总造价的百分比来计收，而是多以"建筑面积 × 单方设计费"来计算。此类项目多由有资质的专业家装公司来承接，有时家装公司为了能与客户签下施工合同，甚至把减免设计费作为优惠条件。但是，按照工商和行业协会的相关规定，对于家装项目，设计合同和施工合同应该分别签订。

一旦委托设计的契约关系成立，设计师就应该着手进行设计对象的实地勘察和测量，测量的数据为室内的净尺寸，包括每个房间的长、宽、高，门窗洞口位置和高度，梁比楼板下表面下凸的高度，给排水系统排水点和竖管位置，安装于顶部的弯头的最低点净高，强弱电系统的配电箱和接线盒位置和容量，不可移动的末端设备的位置等。然后，根据测量结果绘制出原房型图，图4-2-1就是比较规范和详细的原房型图。

同时，设计师应该和业主进行面对面的沟通和交流，明确以下几个方面的问题：

1. 家庭人口构成，包括家庭成员人数，各人的年龄、性别、身材、行为方式、健康状况，相互之间的关系（即家庭结构）等。家庭结构有如下分类：单人家庭，有亲缘或无亲缘关系的多人家庭，无子女夫妇家庭，丈夫、妻子和孩子组成的核心家庭，单亲家庭，三代同堂或多亲戚的扩展家庭，再婚的聚合家庭，空巢家庭，同居老年人家庭，非家庭单位，访客等。家庭结构也不是一成不变的，随着家庭成员年岁的增长和婚姻状态的改变，单人家庭可能变成无子女夫妇家庭，继而可能进一步转变成核心家庭。而核心家庭也可能会变成单亲家庭或空巢家庭。不同类型的家庭结构，对空间的功能要求会产生差异，从而影

图4-1-8　现代居室空间中设置一间比较独立的书房，看书、学习、上网、家庭办公，既可以培养兴趣爱好，又有利于增加自身的竞争力。该书房的设计充分利用低矮的飘窗，将其设计成可临窗远眺或依窗小坐、聊天看书的休闲空间，装饰风格为简约中国风。

响对居住空间的使用。同样是三房两厅的房型，三代同堂的家庭必定把三个房间都作为卧室，要安排学习和工作的空间大多只能利用卧室的一角；而对于人口简单的三口核心家庭来说，除了两间卧室外，还可以有专用的书房或工作室。对家庭成员的身材和健康状况的了解，有助于设计师在空间和家具尺度的设计、界面造型处理、材料的选用等方面更多地予以关注。

2. 家庭文化背景，涉及民族、宗教信仰、受教育水平、职业特点、审美倾向、兴趣爱好、生活习惯等。同样是前文提到的三房两厅，若换成喜欢在家里搞聚会、打牌唱歌的年轻夫妻，有可能把一间卧室改成娱乐视听室。对于 SOHO 一族，往往需要比较宽松的家庭办公空间，就可能把较

大的起居室或阁楼作为办公之用。笃信佛教的家庭往往需要一个空间供奉佛像，以供在家参拜与祈福。了解用户的审美倾向，例如是喜欢明快的还是稳重的，是青睐精雕细琢的还是返璞归真的，是热衷于追求时尚还是古为今用……这可以帮助设计师确定整体风格、色调，选择装饰主材。

3. 家庭经济水平与居住消费投资分配比例。设计师的创意最终必须通过装饰材料、设备、施工工艺的物质技术手段来达到，因此设计离不开经济，用户的心理预算价位将在很大程度上决定设计的档次和整体效果。

综合分析这些因素，有助于设计师把握方向，进行合理的设计定位，即确定整体风格、档次、对主要功能空间的要求、建筑内部空间现状与未

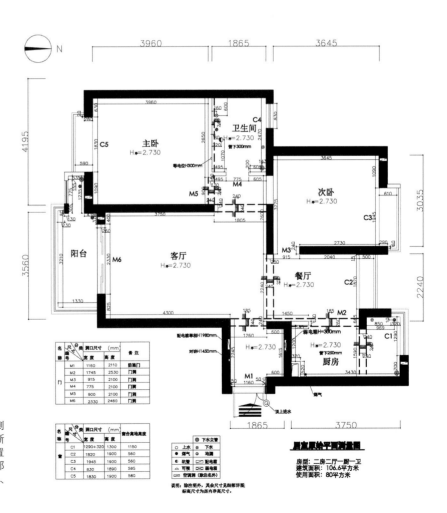

图 4-2-1 某二房二厅单元式住宅的房型测量图，应在按比例绘制的房型平面图上清晰地标注有户内所有墙面的净尺寸、门窗位置和尺寸、室内楼板底部净高、梁比楼板底部下凸的高度，还应明确水、电、煤的相关竖管、接入点等的位置。

来使用情况之间存在的矛盾等，也有助于业主在问题与限制条件及相应的解决方案上与设计师基本达成共识。

三、方案的形成与设计表达

设计师接着展开方案设计，把与业主达成一致的设计理念、风格要求、解决问题的方法，进行具体落实，体现为合理布局使用功能，巧妙利用空间；区分主次、合理安排资金，突出重点；巧妙用光、用色，选择适合的材质搭配。

一般来说，厨房和浴厕由于有固定的管道和设施，又有特殊的防水防渗构造措施，不可随意改变位置，其他空间的使用形式、分割和相互联系方式只要在不破坏建筑结构的前提下，都可以根据居住家庭的实际情况来适当地调整。改变房型的方法：非承重墙体的改变，活动隔断的分合，固定家具或装饰的限定。好的设计不仅可以弥补不足，更可以丰富空间、增加储物空间、优化功能关系、合理平面布局、增添室内景致。

居住空间的室内设计可谓"麻雀虽小，但五脏俱全"，每个地方都要花钱。不论总预算为多少，设计师必须有把握主次的能力，在有限的财力条件下，合理安排资金，突出与生活的安全、健康、方便、舒适密切相关的重点。在家庭装修中，厨房、卫生间是预算"大户"，一般要占到总预算的1/5—1/3，其中又以橱柜和洁具、龙头为主角，分别为厨房和卫生间装修预算的一半；而家电（包括空调、地暖、视听设备、洗衣机、洗碗机、消毒柜、冰箱、烤箱、脱排油烟机、电脑等大家电，微波炉、热水器、排风扇、浴霸、软水机、电话等小家电）的预算有超越厨卫，成为家庭装修第一大项开支的趋势；对于家具和软装饰来说，由于很多家庭

在概念上把家装等同于硬装修，预算费用可能远远低于实际花费，但实际上这部分的花费是不容轻视的。表4-3-1是以上各部分预算折算为单位面积在不同档次的家装中的对比。

居住空间的室内设计，可以通过光环境的设计、色彩的搭配来减少高档装饰材料的投入。优秀的室内设计并不是豪华装饰材料的堆砌，也不是手法的玩弄，而应该因地制宜、因人而异、因财设计，光环境的巧妙应用、"最廉价的装饰"——色彩的合理搭配，往往可以花小钱而获得很好的视觉效果。当然，色彩一定是附属于某种材质存在的，因此设计室内色彩时必须把各种面层装饰材料的质地、纹理、颜色综合起来考虑。

对于居住空间来说，一些特殊功能空间的重点处理往往能起到画龙点睛的作用。

1. 玄关设计

"玄关"一词源于日本，专指住宅户内与外部空间之间的过渡空间，是进入室内换鞋、脱衣或离家外出活动时整装整貌的缓冲空间。在住宅中，玄关虽然面积不大，但使用频率较高，是进出住宅的必经之处，在一定程度上反映出主人的文化气质。玄关有以下四方面的作用：

① 视觉屏障作用：玄关有"藏"的概念，对户外的视线产生了一定的视觉屏障，不至于让客人一进门就对屋内的情形一览无余。它注重人们户内行为的私密性及隐蔽性，在客人来访和家人出入时，能够很好地解决干扰和心理安全问题，使人们出门入户的过程更加有序。

② 使用功能：玄关作为更换外套、换鞋、搁包、放伞的地方，提供一定的储物功能。

③ 保温隔热作用：玄关在夏季和冬季室内外温差较大的地区可形成一个温差保护区，避免夏

项目	低档价位 （元/m²）	中低档价位 （元/m²）	中高档价位 （元/m²）	高档价位 （元/m²）
总预算	<2000	2000-3000	3000-5000	>5000
厨房	<230	230-340	340-560	>560
卫生间	<220	220-330	330-560	>560
其余空间硬装	<440	440-660	660-1100	>1100
家电	<440	440-670	670-1120	>1120
家具	<440	440-670	670-1120	>1120
软装饰	<220	220-330	330-540	>540

表4-3-1 不同档次家庭装修各部分预算单位价格对比（以二房二厅一卫一厨90平方米的房型为例）。

＊注：此表仅为笔者根据2014年家装市场行情的估算，由于建材、人工、家电设备、家具等的价格每年都会浮动，因此本表仅供参考。

季的酷热和冬天的寒风在平时通过缝隙或开门时直接入室。

④ 美化装饰作用：无论是主人回家还是客人到访，恰到好处的玄关设计能给人亲切、温馨的感受和家的氛围。有人这样形容："如果说家是一首诗，那么玄关就是诗的引子，带出整个家的基调，一个漂亮而耐人寻味的引子，体现出主人的品位和情趣。"

对于玄关的设计，一般首先应考虑空间的隔与透。如果建筑的房型上已设置了相对独立的玄关空间，那它与客厅空间的衔接就比较好处理；如果原房型并无专用的入口过渡空间而直接进入客厅，那么玄关的设置宜保持原大空间的完整性，多以低矮的、具有存鞋功能的家具来适当地限定一下空间，也可结合透光材料或采用留有空隙的结构形式，与储物家具一同构成玄关的限定。同时，玄关储物家具的厚薄、高矮、造型和所用的材料应该满足使用的功能要求，和居室的整体风格应统一。而该处顶面、地面、墙面的设计也应满足实用、易于清洁的要求，在构图上突出一个视觉焦点。光环境的设计应给人明亮而温馨的感觉，对于视觉焦点需要进行重点照明（图4-3-1、

图4-3-2）。

2．客厅、起居空间

客厅是家庭内部的面积最大的公共活动空间，是家庭的活动中心。对于使用面积并不十分宽裕的大多数家庭来说，客厅兼具会客、起居、视听、团聚等多项功能。设计时应充分考虑环境空间的弹性利用，突出重点装修部位。

客厅空间与其他功能空间（例如餐厅、走道等）的关系往往有这几种：独立的客厅、客厅朝南而餐厅朝北的直通形空间、客厅与餐厅呈L形、客厅通过走道与其他空间相连。对于独立的客厅来说，其面积一般较大，也比较正气，有明确的出入口，不易与户内其他动线互相影响。设计时宜突出其豪华大方、具有内在秩序的特点，往往可采用对称式构图和传统风格。对于直通形的客厅，它和餐厅在空间上基本融为一体。如果需要在空间上适当进行一些划分的话，可以采用吊顶造型法、地面材料差异法、竖向限定或隔断添置法。而L形布局，客厅与餐厅在平面上是错位的，只需因势利导稍加设计，就很容易获得既有流动感，又有所分隔的空间效果。如果客厅通过走道与其他空间相连，那么设计师可以通过设置屏风、木格、柱子、家具等来明确客厅空间，减少其他动线对客厅的干扰。

客厅的界面设计是体现风格、营造整体氛围的主要方法。由于人在客厅中以坐姿为主，视线较多地落在墙面和地面上，而地面的设计一般通过材质来表现，因此墙面的造型、用材用色以及灯光效果就成为设计的重点，顶面造型宜简洁，主要为光环境设计和设置空调风口创造条件。客厅中的墙面又以沙发背后、靠近人体的墙面和视线正对的墙面为主。设计应从整体出发，通过线形、

图案、构图、色彩、材质来体现风格，并考虑这两个墙面与家具、视听设备（如果业主提出要摆放的话）之间的关系。

要赋予客厅一定功能，就离不开家具。客厅的主要家具是沙发、茶几、视听柜等。它们的摆放位置将决定空间的使用方式。在方案阶段，设计师应根据整体风格给业主提供家具式样搭配的效果参考以及家具的平面布置图纸（图4-3-3、图4-3-4）。

3. 厨房和餐厅

厨房和餐厅有着紧密的联系，一个是准备食物的场所，另一个是享用食物的空间。对于以中国传统烹饪方式为主的家庭，厨房宜为封闭式的，可以阻绝油烟流窜到其他居室空间而影响空气质量。而习惯西式料理方式或不起油锅的清淡烹饪方式的家庭，把厨房设计成开敞式的，和餐厅连成一体，能使之变成全家人共享的愉悦空间。

图4-3-1 位于进门处的玄关是个相对独立的空间，旁边栏杆处设置的沙发椅可供换鞋时就座；而门边的倒立小人摆设，给比较中规中矩的门厅带来了些许诙谐。

图4-3-2 该玄关的空间界定通过落低的吊顶和隔而不断的木质花格得到加强，鞋柜具有实用功能，而陈设和装饰则充分体现主人的文化品位。

图4-3-3 客厅由一组风格统一但款式不同的沙发围合成会客休闲区域，选配的家具、灯具、地毯、窗帘、挂画、小陈设等无不与该空间的整体风格相辅相成。

图4-3-4 该客厅空间不是很大，采用对称式构图，以壁炉为中心面对面地布置布艺沙发，在艺术地毯所限定的会谈区域的另一边配置了一对欧式古典扶手椅，具有强烈的向心感，风格与白色线框墙面协调。

在我国，客厅一直是家庭生活的中心区域，但随着居住条件的改善、居住面积的增加，以及家务工作被家庭成员共同参与，厨房与餐厅构成的区域有可能会代替客厅而成为家庭生活的中心区域。在国外，这一区域已经发展为融入家庭活动室在内的多功能空间，而不仅是解决吃喝问题的场所。

如果我们把厨房和餐厅作为一个区域来统一设计的话，可以从以下几方面来考虑：

① 厨房家具一体化设计，把厨房设备和设施整合在一起。操作台长度和厨房设备足够准备休闲零食、便餐、家庭正餐以及家庭宴席。厨房家具的尺度应适合主要使用者的人体和活动域尺度。

② 水槽、冰箱、灶台的位置应合理，既要彼此分开，又不能相距太远，三点所形成的三角形的周长应不大于6.7m，也不应小于3.7m，而水槽宜靠近外窗设置，利用天然采光有利于节能。

③ 厨房设备的位置应合理。考虑到便于洗涤，宜把洗碗机、洗衣机靠近水槽布置；冰箱宜远离灶台，避免高温影响其制冷效果。

④ 设置早餐或便餐的吧台，作为厨房操作台的延伸，或作为备餐区和就餐区的过渡。

⑤ 应规划足够的收纳空间，有条理地存放餐具、炊具、干货、调料、主副食品原料，甚至菜谱。

⑥ 保证有足够宽敞的空间来容纳两人以上进行餐宴准备，不论是家庭成员还是宾客的参与，都会给烹饪活动带来共享和交流的乐趣。

⑦ 对于有未成年孩子的家庭，可考虑设置一个工作区域，在进行熨烫衣物、家庭理财、网上购物等其他家务活动的时候，方便和孩子交流，或监督孩子嬉戏。

⑧ 移动互联技术的发展，使得家庭云厨房已经不再是概念，家庭主妇或其他成员在厨房中边烹饪边上网翻阅菜谱，或跟着视频学做料理，或欣赏自己喜欢的电视节目都可以实现。当然相关设备的放置应避免高温高热的影响，以及避免溅到油污和水迹。

⑨ 利用餐椅或另外设置舒适的休闲座椅，以供在烹饪的等待时间里聊天、听音乐、休息、招待朋友等。

⑩ 根据就餐区域的空间比例和进餐方式选用合适的餐桌椅。接近方形平面的空间，适宜摆放圆桌或方桌；长宽相差较明显的矩形空间，如果家庭成员人数不超过四人，或采用西餐的进餐方式的家庭，可选择长方形餐桌。

⑪ 整体风格设计服从于全局，用材应考虑到防水、防滑、耐污、耐腐蚀、易清洁的要求；光环境的塑造突出就餐空间的团聚气氛，祥和而融洽，或浪漫而温馨，要求选用高显色指数的光源来使食物色泽诱人，增加食欲。对于厨房操作台的工作面应给以较高的照度，多采用在吊橱底部安装重点照明灯具的方法（图4-3-5、图4-3-6）。

图4-3-5　整体的操作台和吊橱设计提供了充足的收纳空间，白色模压柜门配上小花图案的窗帘营造出田园气息。厨房和简餐区域处于一个空间里，方便家人共同分享烹饪和其他家务活动的乐趣。

图 4-3-6　较为狭长的空间被门洞和装饰柱分为两个区域：烹饪加工区和就餐区，统一的材质使得两个区域仍显得整体。在烹饪区的另一端设置了主妇工作台，方便进行家庭理财。

4．主卧区域

主卧区域是一家之主休息睡眠的地方，他们白天往往要在工作岗位上奔波忙碌，承受各种压力，那么这是供他们回家放松身心、在体力和精神上得到恢复的舒适的私人空间。主卧区域在功能上应满足主人休息、睡眠、更衣、妆容、洗浴、如厕等需要，所以目前比较合理的主卧区域一般都包括主卧室、走入式更衣间、主卫三个部分，如果面积允许的话，还可以考虑安排一个主人书房套在其中。

整个主卧区域属于静态的、私密的空间，要求具有安静、舒适、温馨的睡眠氛围。设计可以从以下几个方面入手：

① 整体色调宜为暖色，明度和饱和度不宜太高。

② 空间造型不宜繁琐，简洁的为好，但界面的材质宜选用有一定吸声降噪作用、触感相对较为柔和的。例如墙面选用自然纤维墙纸，或者在床头后面的主墙面上装饰以软木片或织物软包；地面满铺地毯，或者在木地板靠床的位置局部铺设一块艺术地毯；厚重的窗帘也是不错的选择。

③ 室内温湿度应宜人，对于冬季寒冷的地区，宜采用地暖系统。

④ 光环境体现温馨安逸，整体照明不宜太亮，而在床头的阅读区、设置座椅的休息区或工作区以及梳妆台、卫生间里可适当设置一定照度的局部照明灯具。

⑤ 家具的设计和配置应和整体风格相协调。床提供睡眠功能，尺度应舒适，床头造型和床垫要符合人体工程学。床头柜可以用来摆放阅读照明灯具、书和其他小物件。如果卧室面积比较宽松，不妨在靠近有良好日照和景观的外窗旁放一对扶手椅或一把躺椅，供主人休息、聊天和阅读。如果有专用的走入式更衣室，那么卧室里就不需要再另外设置衣柜了。不论是更衣室的橱柜，还是卧室里另外配置的衣橱，其内部空间划分尤为重要，应充分考虑长大衣、连衣裙、长裤有足够的吊挂空间，而毛衣、内衣裤、鞋帽配饰等也应有合适的收纳空间和方式。如果主人经常出差或热衷于旅游，那就得考虑有旅行箱包的存放空间。此外，还应留合适的空间来收纳床上用品（图 4-3-7、图 4-3-8）。

5．卫生间

卫生间的功能不外乎洗涤、如厕、洗浴、梳妆等。位于主卧区域内的是主卫，而供其他家庭成员和宾客使用的是次卫（或称客卫）。从装修标准来看，一般情况下，主卫要比次卫豪华，洁具设备的功能更齐全，选用的界面材料更高档（图 4-3-9、图 4-3-10）。表 4-3-2 是主卫和次卫在设计时的异同点比较。

各个功能空间的设计有着各自不同的特点和要求，设计师在方案设计时应予以足够的考虑。但同时还应注意，

图 4-3-7　金色的暖调子营造卧室的温馨感，装饰元素的混杂并置符合特定时尚文化人士的审美情趣。

图 4-3-8　沿用了中式传统空间中的明度高对比，墙纸、床上用品的面料图案带有明显的传统文化元素。走入式更衣室经过精心规划，通过部分透明的玻璃隔断显露出来。

图 4-3-9　该主卫空间比较宽裕，设计师分别设置了沐浴、如厕、洗漱设备，还利用凹入空间设置了可以坐下来使用的梳妆台。具有保温功能的浴巾架是另一处体现人性化的细节，其造型与其他五金配件，以及座凳、灯具、装饰画框等风格统一，材质一致。

图 4-3-10　如果住宅位于热带，卫生间的沐浴区域可设计成半室外的，把阳光、新鲜空气、自然植物引进其中，有益于人彻底放松，享受 SPA 的乐趣。

这些功能空间是位于一所或一套住宅空间中的，应体现统一的风格特征，具有整体性。因此，设计手法、主色调、主要材质宜统一。

　　设计概念需要通过图纸和文字表达出来，转换为看得见、摸得着的、可以与业主沟通的形式。因此，在方案阶段，设计师应把设计成果绘制制作成图册，内容包括设计说明、设计意向图、原房型测量图、墙体改造图、平面家具布置图、地面图、天花图、主要功能空间的主立面图和效果图以及主要装修材料和设备表。业主根据图册与设计师交换意见，指出需要修改的地方。如果业主满意的话，就可以在图册上签字，设计师据此深化为施工图纸（图 4-3-11）。

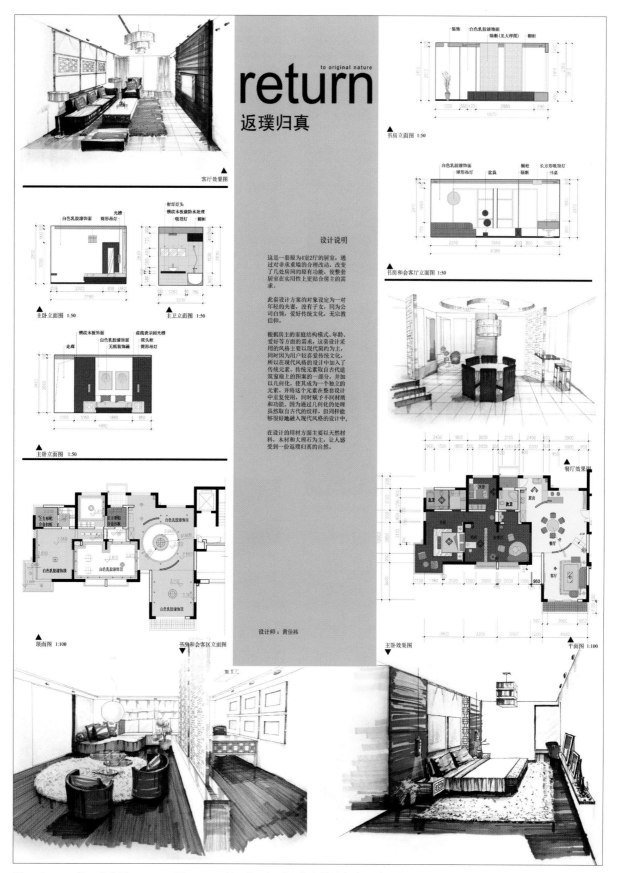

客厅效果图

书房立面图 1:50

主卧立面图 1:50   主卫立面图 1:50

主卧立面图 1:50

书房和会客厅立面图 1:50

return

to original nature

返璞归真

设计说明

这是一套原为4室2厅的居室，通过对非承重墙的合理改动，改变了几处房间的原有功能，使整套居室在实用性上更贴合房主的需求。

此套设计方案的对象设定为一对年轻的夫妻，没有子女，同为公司白领，爱好传统文化，无宗教信仰。

根据房主的家庭结构模式、年龄、爱好等方面的需求，这套设计采用的风格主要以现代简约为主，同时因为用户较喜爱传统文化，所以在现代风格的设计中加入了传统元素。传统元素取自古代建筑窗扇上的图案的一部分，并加以几何化，使其成为一个独立的元素。并将这个元素在整套设计中重复使用，同时赋予不同材质和功能。因为通过几何化的处理虽然取自古代的纹样，但同样能够很好地融入现代风格的设计中。

在设计的用材方面主要以天然材料，木材和大理石为主，让人感受到一份返璞归真的自然。

设计师：黄佳祎

书房和会客区立面图

顶面图 1:100

餐厅效果图

主卧效果图   平面图 1:100

图 4-3-11 第一章中图 1-3-1、图 1-3-2 所示项目相对比较完整的室内设计方案图纸。

四、设计细化与施工准备

设计师在业主认可的方案基础上进行细部设计。由于居住空间不大，而环境中的各部分时常处于与人体的近距离接触状态。疏于细节设计往往导致经不起推敲、耐看不耐用等弊病，例如家具尺度不符合人体工效学、转角不安全、不同材料交接处理不当、构造做法不合理等，而影响最终的质量和使用寿命。因此设计师必须在把握大方向的前提下，精心推敲细节设计，重要的特殊做法和工艺一定要用图纸和文字说明的方式交代清楚，即用完整而详尽的施工图来表达。除了方案阶段原有的图纸应详细标注定位尺寸和饰面材料外，还应补充所有门立面图、墙面的立面图、现场制作的非成品家具立面图以及体现界面造型和构造层次的剖面图和节点详图，另外也应绘制相应的给排水和电气施工图。这些施工图纸应在施工前交由监理单位审核，主要审核其是否符合家装的相应规范。通过后作为施工的依据。

有了完备的施工图纸，项目可进入到施工准备阶段。设计师应在施工现场向施工队伍的项目经理或技术负责人进行设计交底，告之在施工过程中必须重点处理好的内容，解答对方提出的关于施工细节的问题。然后帮助业主一起选定主要装修材料的样品。在施工队伍备料、备施工设备机具的时候，与监理一起查验材料的质量和数量，设备机具的施工性能。对于可能影响施工质量的材料和设备机具，设计师有权让施工队伍更换。

五、硬装施工过程中的设计服务

居住空间的装修项目开始施工后，设计师的工作以监督质量和调整细节设计与节点构造做法为主。

比较项目		主卫	次卫
相同点		1. 至少应有洗脸盆、坐便器、坐浴或淋浴设施三件洁具； 2. 如果面积宽松，可把坐便器区域设置成小间，有独立的照明灯具和排风扇； 3. 为了提高卫生间的利用效率，可把洗脸盆单独设置在进入卫生间的过渡空间中，方便在集中使用的高峰时间错开使用不同的设备； 4. 宜有直接采光和自然通风； 5. 即使有直接采光和自然通风，也应该安装防水防潮灯具和排风扇，确保卫生间的照度和空气品质； 6. 各界面选用的材料应具有防水、防潮、防滑、耐污、耐腐蚀、易清洁的特性； 7. 应设计一定的储物空间，用来收纳洗浴卫生用品，使空间井井有条； 8. 在合适的位置安装五金配件，晾挂毛巾、安放卫生纸等需要随手拿取的物件； 9. 为了使卫生间保持干燥，防止霉变和细菌滋生，宜安装地暖； 10. 开关和插座应有防水防溅保护； 11. 如果使用者中有行动不便的老年人或残疾人，应进行无障碍和方便残疾人的设计。	
不同点	功能	体现更多的舒适性，如果面积允许的话，浴缸和淋浴房可都设置；坐便器宜安装电脑控制的冲洗翻盖，还可安装小便斗；洗脸台足够长，尽量安排两个洗脸盆。	考虑到可能多人使用，为了确保卫生，宜安装淋浴房，洗脸盆一个就行。
	装修档次	1. 追求舒适享受的生活体验； 2. 可安装按摩浴缸或漩涡式浴盆，淋浴房内安装淋浴屏； 3. 安装保温毛巾杆（架）； 4. 除了盥洗台外，另外设置可以坐下使用的化妆台，配有足够的抽屉、电源插座和显色性好的局部照明； 5. 安装电话、液晶电视、背景音响等防水科技产品。	1. 注重实用性； 2. 选配普通恒温龙头和花洒； 3. 选配普通的毛巾架； 4. 一般没有足够的空间另外设置化妆台； 5. 可考虑安装电话和背景音响。
	空间处理	由于是套在主卧室内部，已经位于私密空间中，因此局部可以设计成视线上有通透感的空间。	一般位于走道等公共空间旁，因此厕浴部分需要设计成封闭型的空间，以确保私密性。

表 4-3-2　主卫和次卫在设计时的异同点比较。

设计师应定期来到施工现场，检查施工过程中关键步骤的施工质量。特别是隐蔽工程验收、门窗安装工程验收、装饰基层验收、饰面层验收、设备安装调试、竣工交付业主使用时的整体验收，设计师都应该到位，确保每一步的施工质量都能达到优良标准，杜绝今后的返工现象。尤其是对于直接影响到最终装饰效果的油漆涂料施工，应让施工队伍先行做出样板，经设计师确认后作为验收依据之一。

设计师在施工过程中还需要对图纸与现场情况有出入的地方进行调整，对图纸中没有交代清楚的构造做法进行补充，使施工人员能顺利施工下去，并达到设计师期望的效果。

六、建成后内含物的选配

对于居住空间的室内设计服务，在硬装施工竣工验收后，并不意味着设计师的任务就完成了。因为到这一步，只解决了空间造型、界面处理、色彩和材质肌理搭配、细部设计等问题，给居室环境搭起了一个整体的框架和背景，而另外一部分非常重要的设计要素——活动家具、灯具、织物、艺术陈设品、绿化等内含物的选配工作还未完成，居室整体风格、最终使用功能和视觉效果的达到都离不开这些设计要素的共同作用。

1．活动家具的选配

活动家具按材质分有木质家具，金属家具，塑料家具，皮革或织物包面的软垫家具，柳条或藤条、苔条等编织类家具等。各类家具的特点和适用场合参见表4-6-1。

家具也有自身的造型和风格，应根据居室内功能空间的风格来选配，以统一协调为佳。家具的饰面材料宜与所处空间的界面材料有所呼应。家具的尺度也是必须考虑的因素，放在居室空间中应尺度适宜，避免出现大空间配小尺度家具或小空间配大尺度家具的情况，同时也应符合家庭成员的人体尺度。家具的摆放方式和相对

类别	木质家具	金属家具	塑料家具	皮革或织物包面的软垫家具	柳条、藤条、苔条等编织类家具
优点	具有天然的纹理和色泽，质感温和；容易维护；使用寿命较长。	造型多样，经过防锈处理或不易氧化锈蚀的，可以用于室外庭院中。	造型和色彩丰富，可突破常规，可以仿制各种纹理，质量较轻，防水防潮、耐腐蚀。	柔软舒适，给人温暖感；织物包面可做成脱卸式，可随季节变换更换，也方便清洗。	用天然的材质经过特殊的工艺来编织，肌理和触感舒适，有良好的透气性和弹性，质量较轻。
缺点	比较昂贵，怕受潮、虫蛀、腐蚀和受阳光长期直接照射，加工时不易弯曲。	一般比较重，需要进行防锈处理，否则会氧化锈蚀或被腐蚀。	部分塑料家具易燃，或在高温下散发有毒气体，在低温或阳光作用下易老化或变脆。	无法看见里料，难于进行质量判断；怕受潮；经常清洗包面，容易褪色而显得陈旧；长期使用容易因失去弹性而变形。	对制作工艺要求较高；编织缝隙容易积灰，打扫不方便；颜色会随时间的流逝而变深。
结构与构造特点	板式或框架式，可用榫接或螺栓连接。	框架式，多用焊接或螺钉铆接。	通过发泡、铸模、真空成型、喷射、吹制等工艺制成整体性空间结构。	框架为骨架，安置弹簧保证外形和弹性，填充软垫获得充实而有弹性的内心，最后在外面包覆皮革或织物，装饰铜钉、纽扣等配件。	金属杆件焊接成骨架，其上包覆和编织柳条、藤条、苔条等纤维。
适用场合	不潮湿的室内空间。	休闲空间、非正式场合、庭院中。	潮湿环境，或追求与众不同的造型的家具。	客厅、起居室、卧室等需要营造舒适、温馨氛围的空间。	茶室、阳光房等休闲空间、庭院中。

表4-6-1　不同材质的家具特点和适用场合表。

位置应满足空间的使用功能，同时考虑放置了家具以后留出来的空间是否方便家人行走和活动（图4-6-1）。

2．装饰性灯具的选配

虽然在硬装设计中设计师已经就整体光环境进行了设计，施工时也安装了部分灯具，但有时还需要在选购家具的同时再配一些起装饰作用的灯具，例如玄关鞋柜上的台灯，客厅沙发旁的落地灯或角几灯，客厅、餐厅的装饰吊灯，工作室或书房的书桌上的台灯，卧室的床头灯，卫生间的镜前灯……装饰性灯具的选择不仅应考虑其使用的光源性质、照明方式、照度等技术指标，同样重要的是其造型风格应与整体环境一脉相承，营造的光环境能适合所摆放位置的氛围（图4-6-2）。

3．装饰织物

居住空间中的装饰织物可以起到柔化空间、营造温馨氛围的作用，主要包含窗帘、床上用品、餐桌布艺、浴室和厨房布艺、家具包覆织物、壁毯、地毯等。

一般有外窗的地方都会安装窗帘，白天用来阻隔外界的视线干扰和过强的自然光线，夜晚避免室内被外人一览无余，增加私密性，同时也有一定的保温隔热作用。它往往占据了较大面积的垂直面。因此窗帘的造型风格、选用布料的色彩和图案会影响空间视觉效果（图4-6-3）。

床上用品包括床单、枕套、枕垫、床围、床罩、毛毯、毛巾被、被子及各种罩垫等。这一部分的

图4-6-2 书房中的灯具选配与家具和小陈设相得益彰。

图4-6-1 这个客厅和就餐区域同属于一个大空间中，由于面积并不宽敞，设计师沿墙设计了一个通长的沙发，靠入口处为就餐区，和会客区之间以深色面料来划分，充分利用了空间，又具有整体感。

图4-6-3 蓝白相间的条纹窗帘悬挂于深色的窗帘杆上，增加了空间的高度感，简洁又不失时尚，与沙发靠垫、瓶中的装饰物的纹理有异曲同工之妙。

装饰织物的重要性往往会被业主忽略。市场上可供选择的床上用品种类繁多，可谓应有尽有，一般家庭都会备有多套床上用品，但往往不是专为整体设计的卧室空间所配的，可能是单位发的、朋友送的，或是一时兴起购买的。虽然已备的床上用品花色很别致，质地也很舒适，但不一定能和整体环境相协调。因此，为了整体效果，有时设计师得规劝业主忍痛割爱，重新选配更合适的（图4-6-4）。

餐桌布艺包括台布、餐巾、餐位餐具垫等，在商业餐饮空间中往往会得到较多的重视，因为能体现企业形象，而在家居空间中往往被省去。因为大多数家庭会认为使用餐桌布艺会增加家务工作量，可能只有在一些追求生活品质、聘用专人负责家庭保洁的家庭才会使用。但餐桌布艺和精美的餐具、桌上鲜花结合起来，确实可以创造优雅亲切的餐桌氛围，增加就餐乐趣，提高生活品位（图4-6-5）。

图4-6-5　白色的桌布可谓百搭。

图4-6-4　这个卧室的床上用品可谓齐全，虽然面料和款式并不完全相同，但由于属于同一色系，倒也觉得搭配得有层次又不失整体感，与墙面的色彩非常和谐，使得这个并不奢华的卧室显得很舒适。

图4-6-6　该卫生间的瓷砖、洁具、镜框的选配都有蓝色小花的图案，具有浓郁的田园气息，设计师选配的毛巾和浴巾与整体风格很协调。

浴室和厨房布艺主要是指擦手巾、面巾、浴巾、浴袍、擦碗巾、擦桌布等，一般选用亚麻、纯棉、绒布等吸水性强也容易洗涤的面料制成。考虑到与肌肤的接触程度不同，擦手巾、面巾、浴巾、浴袍更多会选用柔软厚实的圈绒或割绒纯棉制品。图案一般不过于强调，以纯色配以凹凸纹理为主（图4-6-6）。

家具包覆织物主要用在软垫家具上，也有用于墙面软包的，多选用粗纤维的织物提高耐磨性和耐洗性。其花色宜与窗帘一致或接近（图4-6-7）。

壁毯在历史上曾经被用来保持室内温度，而现在更多作为装饰品来使用。壁毯的大小、图案、颜色和质地应与所处的环境相协调（图4-6-8）。

地毯可以作为整个地面的铺设材料，也可作为局部的点缀或空间的限定来使用。大面铺设的地毯是地毯纤维编织制成的，有羊毛、尼龙、聚丙烯、聚酯、丙烯酸纤维地毯之分。表4-6-2把这几种地毯纤维在原料、特点、经济性等方面进行了比较。设计师可以根据空间的使用特点来选用。

地毯纤维的绒面结构分为圈绒和割绒两类，也会影响到地毯的质感和耐久性。圈绒地毯绒面由保持一定高度的绒圈组成，它具有绒圈整齐均匀，毯面硬度适中而光滑，行走舒适，耐磨性好，容易清扫的特点，适于在步行量较多的地方铺设。割绒地毯的绒面结构呈绒头状，细腻而触感柔软，绒毛长度一般在5—30mm之间。绒毛短的地毯耐久性好、实用性强，但缺乏豪华感，弹性也较差。绒毛长的地毯柔软丰满，弹性与保暖性好，脚感舒适，具有华美的风格，适合用在卧室空间。圈绒和割绒可以同时出现在同一幅地毯上，就是在绒圈高度上进行变化或将部分绒圈加以割绒，可以显示出图案，花纹含蓄大方，风格优雅（图4-6-9）。

图4-6-8 卧室的床头挂一幅壁毯也是不错的点缀。

图4-6-7 该客厅的沙发蒙面织物与整体环境色调（包括窗帘）一致，有很强的统一感。

需要指出的是，这些装饰织物中窗帘、床上用品、家具包覆织物一般宜选择有统一色彩系列、图案风格相仿的织物来制作，以获得整体感。

4．艺术陈设品

当今是崇尚艺术的时代，艺术品交易非常红火，各种类型、各种风格的艺术陈设品我们都可以在专业市场上寻觅到。艺术陈设品对于家居空间来说，往往是以家庭成员的收藏品的形式来体现的，它们被摆放在家里诉说着自己的故事，帮助主人们回想一些珍贵的记忆。这比简单地去市场上购买一些陈设品更有文化意味。对于收藏品形式的艺术陈设在布置时，也应该遵循适量、平衡、与整体风格协调的原则。适量是指艺术陈设

类别	羊毛	尼龙	聚丙烯	聚酯	丙烯酸
原料	天然羊毛，长纤维编织的地毯质量优于短纤维编织的地毯。	苯酚、氢、氧和氮合成的人造纤维。	改良的石蜡。	由二羧酸和二羟醇经化学反应而成。	丙烯腈合成纤维。
优点	耐用性好，有弹性，可染色，可制成高档工艺地毯。	应用最为广泛，坚韧，耐用，有弹性，抗磨损，不褪色，质感好，不发霉，抗虫蛀，不会引起过敏，耐火性良好。	质轻、便宜，耐用牢固，不起球，不起毛，抗磨损，耐腐蚀，可做人造草皮。	耐用，易染色，较柔软，不发霉，抗虫蛀，不会引起过敏反应，不吸水，不起球，不起毛。	与羊毛非常相似，质感柔软温暖，可以和羊毛混纺。
缺点	有天然的气味，可能使部分人群有过敏反应，须进行防蛀虫处理，表层绒面易起绒或起球，很昂贵。	质量不好的易产生静电，吸附灰尘，质感粗糙，有光泽。	较硬，易破碎、老化，易沾染污渍。	易破碎，易变形，缺乏温暖感，易沾上油污。	弹性稍差，易结缠、起球、起毛，寿命较短，易沾上油污且不易清洗。
维护保养	定期吸尘，有污渍应立即清洗，宜进行专业干洗。	定期吸尘，容易清洗，各种洗涤方式都可。	定期吸尘，容易洗涤。	定期吸尘，可用水洗涤。	定期吸尘，有污渍应立即清洗，小心水洗。
经济性	成本和维护费用都高。	成本中等，维护费用不高。	成本较低，维护费用不高。	成本中等偏高，维护费用不高。	成本和维护费用中等。

表 4-6-2　不同的地毯纤维对比表。

图 4-6-9　活泼的圆形块毯使得书房不再那么沉闷。

图 4-6-10　这个卧室带有浓郁的东南亚风格，其中的陈设品更能体现主人的收藏爱好，甚至连床也是主人的藏品。

品的数量不宜过多，根据构图和调节空间疏密关系、形成对景或视觉焦点的需要来合理摆放，宜精不宜多。平衡指陈设品的体积、面积和摆放位置应符合美学原则，与空间中或界面上的其他装饰在轻重、疏密关系的处理上形成均衡状态，可以用来弥补不足。与整体风格的协调感来自于陈设品的颜色、内容、格调、装饰细节等与周围环境的对比或统一（图4-6-10）。

5. 绿化的选配

对于居住在钢筋水泥丛林里的城市居民来说，居住空间内配置一些绿化不仅可以获得自然的气息，满足业主接近自然的愿望，同时也能美化室内环境、改善室内空气品质。

居住空间中的绿化一般安放在以下位置：

① 阳台上、庭院里。这部分空间的绿化较为集中，多为真花真树。由于有较为宽松的空间和种植条件，因此可以设计成有层次的绿化栽种。当然阳台上以盆栽为宜，树形花形不宜太大；而庭院中的限制就少，栽种方式可以孤植、对植、群植结合，如果条件允许的话，绿化可以和石、水、铺地、小品等共同形成景观。这样的绿化配置应注重空间层次，以及随着时间变化而获得的不同的绿化观赏效果（图4-6-11）。

② 户内的一些家具旁，用来填补空间。这样的盆栽绿化以观叶为主，应选用具有较高观赏价值的植物。

③ 户内一些高家具的顶上，配置小盆的下垂式植物，可以减弱高家具的边界感。

④ 桌面高度的家具台面上。多选配有奇特造型的微型植物盆景或富有艺术感染力的插花，来形成视觉焦点（图4-6-12）。

⑤ 电脑桌上，电视机、微波炉旁。有些植物具有奇特的消减电磁辐射的作用，例如仙人掌、石莲、孖宝等，把它们成组摆放在会产生电磁辐射的设备旁，有益于人体的健康。

另外，新装修完工的住宅内部或多或少都会存在一些危害身体健康的有毒物质，如甲醛、苯等，

图4-6-11 这个比较大的露台上栽种了一些绿篱，和池、水、石、铺地共同形成抽象意义的景观。

图4-6-12 餐桌上的艺术插花选用大花型与小花型的鲜花相配，富有层次感，与整体的欧式风格统一协调。

如果在室内栽种一些诸如 、常春藤、吊兰、芦荟、龙舌兰、铁树、雏菊等植物的话，有助于降低有毒物质的浓度。

当设计师帮助业主完成了内含物的选配后，他的任务才正式结束，可以交付给业主入住了。当然，业主对于建成的居室空间的使用会随着时间的流逝发生改变，可能会逐步对其进行改造，这并不意味着设计是失败的，因为动态的变化是必然的。当然，对于负责任的设计师来说，他会关注业主入住以后的评价以及这种改造变化。某些信息的反馈将帮助设计师在以后的设计项目中做得更好。

七、参考阅读文献及思考题

1.《室内设计原理》陆震纬、来增祥 著，中国建筑工业出版社。

2.《美国室内设计通用教材》卢安·尼森、雷·福克纳、萨拉·福克纳 著，上海人民美术出版社。

3.《美国大学室内装饰设计教程》卡拉·珍·尼尔森、戴维·安·泰勒 著，上海人民美术出版社。

4.《室内设计资料集》张绮曼、郑曙旸 编著，中国建筑工业出版社。

5.《人体工程学与室内设计》刘盛璜 著，中国建筑工业出版社。

6.《老年居住环境设计》胡仁禄、马光 著，东南大学出版社。

7.《居住模式与跨世纪住宅设计》赵冠谦、林建平 著，中国建筑工业出版社。

思考题：

1. 室内设计的目的是什么？

2. 居住空间室内设计在前期阶段应该解决哪些问题？

3. 在进行玄关、客厅、厨房和餐厅、主卧和卫生间等功能空间的设计时，分别应注意哪些问题？

4. 居住空间建成后的内含物选配工作包括哪些？设计师应如何选配？

第五章

公共建筑空间的室内设计

一、公共建筑空间的室内设计要点

现代社会的结构非常复杂，现代人的生活则呈现丰富多彩的面貌，工作、学习、日常生活之外，现代社会还为人提供各种娱乐、健身、美食、购物、旅游、展览、比赛、演出等文化活动，这些活动的开展都离不开公共建筑。因此，公共建筑及其室内设计，是现代设计领域非常重要的组成成分。公共建筑的室内设计遵循的设计原则、运用的设计要素与其他建筑类型是相同的，但是由于公共建筑的使用性质、使用人群和使用状态等方面的特殊性和功能的差异，不同类型的公共建筑室内设计也呈现各自特殊的要求、定位、侧重点和设计手法。

公共建筑类型与社会生产力的进步程度相关，现代社会拥有数量众多、品种丰富的公共建筑类型。在公共建筑的室内设计上，要把握以下几个设计要点：

1. 创新地发展公共建筑的功能

研究公共建筑特定的功能是公共建筑设计的基础。就常用的公共建筑类型而言，有文化教育类建筑、办公建筑、商店建筑、旅游建筑、展览建筑、会堂与纪念类建筑、观演建筑、医疗与保健康复类建筑、体育竞技与休闲类建筑、交通类建筑等十数类。这些公共建筑在现代社会生活中都扮演不可替代的角色，具有特定的功能。

设计师首先要了解并满足公共建筑的基本功能：

① 文化教育类建筑

自西方现代主义思潮全面展开，文教建筑就成为城市发展中最具时代特征和代表性的建筑类型。与文化培养和教育的社会功能直接对应，包括幼儿园、中小学校、高等学校、图书馆、档案馆以及教育基地等等。文教空间的室内应根据不同年龄段学习者的心理特点来进行设计，对年龄造成的生理差异应该给予足够的重视和研究。文教建筑最核心的功能是提供给教学和学习者相关活动的空间，一般教学用空间宜简洁、明亮，有良好的自然采光和通风，人工照明应避免眩光。特殊用途的教室（如语音室、电脑机房、多媒体教室、实验室、训练室等）的室内则必须从实际使用功能出发来设计界面、灯光，安排设施设备（图5-1-1、图5-1-2）。

图5-1-1 普通教室的设计需要理性、简练、便于使用，灯光最好采用防眩光和防书籍反光的间接光方式。

图5-1-2 文教类建筑内常常有各种特定功能的实验室，设备可以方便正常地使用并便于维护是这类空间的核心功能。

对于图书馆、档案馆这类文教建筑特殊的类型，在学习阅览功能之外，具有储存人类社会文字和声像信息的重要功能。因此，这类场馆室内设计必须提供良好的查询阅览循环流线，舒适、明亮、便捷的学习阅览空间，还要为储藏空间提供良好的维护功能，保持一定的温湿度，有防紫外线、防潮、防虫、防火等措施。随着新技术的发展，计算机联网检索中心成为图书馆、档案馆重要的信息空间，计算机使用普及化需要在室内设计时满足其使用和管理的要求，材料的选用应抗静电、吸声、防火（图5-1-3）。

②办公建筑

这是现代城市不可缺少的重要建筑类型，随着城市的发展、经济的上升而呈蓬勃兴建的态势。根据不同服务对象，办公空间可以分为行政办公、专业办公、综合办公三类；根据使用管理方式则可以分为单位或机构的专用办公楼、出租型办公楼。办公建筑的使用性质和管理形制决定了其室内设计的基本功能，要满足办公人员和办公行为与活动的要求，办公用房应该具有公共使用、私人办公、联合办公、设备管理和生活服务功能等几种基本功能，因此一般应包括私人办公、联合办公、会议培训、设备、仓库、休闲、卫生及服务用房等多种房间类型。不过在租赁型的办公楼设计时，一般只重点设计公共使用的大堂、走道、卫生间和部分可以盈利的服务性空间，如咖啡酒吧、商务中心等功能空间；风水电管线入户，但户内各租赁单位的办公通常根据办公楼的品质定位，采取相对最简约、经济的设计装修，以满足办公的基本功能为目的，不追求个性化审美（图5-1-4 ～图5-1-7）。

图5-1-4 简约明快的办公空间给人以高效率的感受。

图5-1-3 菲利普伊科斯特学院图书馆（1965—1972年），路易斯·康设计。

图5-1-5 个性化的办公空间是设计类、创意类公司喜好的空间性格。

117

图 5-1-6 办公空间往往包含时代先进的材料和建筑设备技术，使空间功能更加优越高效。

图 5-1-7 现代办公空间经常暴露吊顶，节约造价的同时产生高技派的联想；地面采用塑胶地板是符合功能和建筑性格的选择，有一定弹性，便于维护清洁。

图 5-1-8 信息时代感十足的手机商店展示效果。

图 5-1-9 民俗商品以堆积、杂处而又意趣盎然的展示方式摆布，增加了商业空间的吸引力。

③ 商店建筑

公共建筑中量最大、分布面最广的类型是商店建筑，其规模、数量、设计装饰水平往往能够反映出城市的经济水平和活力。现代社会商业的经营方式、经营内容和规模都多种多样，根据经营方式和内容，大体上可以将商店分为百货商店、综合商场、专业商店、自选商店（超市）、农副产品交易市场等。商店建筑的室内设计范畴包括店内空间、店面门头和橱窗设计，不同类别的商店建筑在室内设计上有不同的侧重点。通常情况，商店建筑室内的基本功能有展示、营业、管理办公、仓储、服务及设备等多种功能空间，服务层次高的高档百货和专卖店会特别突出展示功能和服务功能，而大众的和中低档的商店往往在营业功能上最为突出以获取最大化的营业利润（图 5-1-8、图 5-1-9）。

④ 旅游建筑

旅游建筑包括旅馆、星级宾馆、度假村，以及与之相关的游艺场、餐饮空间等，往往是综合性质的建筑物。舒适的住宿是最核心的功能，但往往也具备相关的商务、餐饮、娱乐、健身、会议、购物、美容等服务，同时还承担着城市自身居民文化娱乐的部分社会功能。旅游建筑的室内设计，要求提供相较于一般公共空间更高的文化内涵，通常要达到环境优美、风格独特、服务设施设备完善舒适的特点。根据我国建设部、商业部、国家旅游局共同批准的《旅馆建筑设计规范》，旅馆建筑按其质量标准和设备、设施条件，由高至低划分为一－六级六个建筑及室内等级。旅馆建筑室内设计的主要范围有大堂、公共服务空间和客房（图5-1-10～图5-1-13）。

⑤ 展览建筑

城市发展会产生新的需求，各种各样的大型展览、博览会已经成为促进城市商业活动、传播艺术文化、丰富市民生活的重要的新形式。展览建筑包括各种商业性会展中心、博物馆、美术馆、艺术陈列馆等，展览建筑室内设计的基本功能是提供文化艺术品或产品进行集中展示的场所。展览建筑内主要的空间是展品固定的展厅和展品不固定的展厅，固定展厅要满足对特定展品的最佳展示和保护功能，要设计最合理的流线关系，避免迂回、交叉；而对于可变性要求高的展厅空间，

图5-1-11 西班牙太阳海岸安多兹饭店套房起居室。浓郁的异国情调给使用者带来特殊的审美体验。

图5-1-12 堪培拉凯悦酒店中庭。酒店内的大型空间是给人深刻印象的文化场所，也是交通组织最重要的功能空间。

图5-1-10 旧金山喜来登宫殿饭店大宴会厅。华丽辉煌的灯光和材质效果凸显宾馆的地位和价值感。

图5-1-13 客房设计用材、用色都不宜复杂，给客人一个良好的休息空间。

室内设计则要考虑展览的适应性，设计时需要预先设定可能的展览对象及其特点，科学合理地设定空间分隔形式、照明形式、界面材料及其他空间物理条件，对于用电量和端口等电器设备要预留足够的备用。展览空间是室内设计中对视线设计要求最高的类型之一，特别是艺术品展览，视线设计可以直接影响展品的艺术性、观感和价值感。除了展览空间以外，展览建筑的室内设计还必须关注服务性的公共空间，如出入口空间、交通空间、盥洗室、休息区等，大型展览空间必须考虑长时间停留的人群的舒适性和安全性（图5-1-14、图5-1-15）。

⑥ 会堂与纪念类建筑

这类建筑数量不多，但也是公共建筑的重要组成部分。会堂和纪念类建筑承担着对城市和人类发展重大事件或重要人物的记忆功能，是群体重大活动或历史事件、人物的载体。在室内设计上必须满足其集会的基本功能和对重大事件的象征功能。现代城市经常将重大会议与展览空间结合形成会展中心，不过这种功能融合的建筑往往是商业性质的，与专门的会堂和纪念类建筑的政治文化内涵有别。会堂与纪念类建筑的室内语言通常是严谨、端庄和富于象征含义的，空间包含主要功能空间和交通、服务、管理和设施设备需要的空间（图5-1-16）。

⑦ 观演建筑

这类建筑是文化娱乐的重要场所，担负文化、艺术传播和享受的功能。主要有剧院剧场、音乐厅、电影院、杂技场等专业类型。观演建筑的室内，最核心的功能是提供专业的、舒适的视听环境，在声、光、视线的设计上最具专业度，譬如吸声、隔声控制和混响时间设计就是声音设计的重点，而舞台灯光设计是光设计的中心。其次，观演建

图5-1-14 展览空间的简约造型是为了适应不同展览的要求。

图5-1-15 理查德·迈耶设计的加州盖提美术馆。

筑应通过室内设计创造高雅的艺术氛围，具有艺术象征也是观演建筑最基本的功能内涵；根据演出的专业特点，以材质、色彩、光影和艺术品烘托出浓郁的艺术特征，是观演建筑室内设计最具表现力的方式。另外，交通组织和疏散安全也是这类建筑室内设计的重要内容，观演建筑具有集中大量人流的特点，在室内设计时必须结合建筑条件进行优化设计。观演空间的设计重点有舞台、观演区域、交通空间和演出辅助空间（图 5-1-17 ~ 图 5-1-19）。

图 5-1-16 路易斯·康设计的国家会议楼会议厅。庄严而富纪念意义的空间形态。

图 5-1-17 德国波兹坦音乐厅。现代感极强的空间界面上各种卵状的突起，是为了修正空间的音质，达到最佳的声效。

图 5-1-18 小型观演建筑有时也可以兼具会堂的功能。

图 5-1-19 观演建筑内交通流线、分区组织、视线设计是非常重要的基本功能。

⑧ 医疗与保健康复类建筑

这类建筑泛指为了人的健康而进行医疗活动或帮助人维持或恢复身体机能的场所，主要包括综合性医院、专科类医疗机构、门诊所、保健院和疗养院、康复机构等。这类建筑以综合性医院的功能最为复杂，规模大、科室种类多、医疗诊治的流程复杂，通常包括门诊、急诊、医技、住院和后勤服务几大部分。室内设计的基本功能是对病人的医疗诊治管理和对医疗人员工作条件的满足，主要包括对各不同部门的合理分区、组团和交通组织，对医疗流程的合理化设置及相关空间的设计，如预检、挂号、付费、候诊、诊疗、化验、输液、药房、手术、消毒、卫生、污物处理等空间的关系、流线、面积大小以及相关办公管理的设置。要确保病人就医流程清晰、便捷，保障医疗人员的工作流程科学、高效、符合规范、避免洁污交叉；交通设计还应包含清晰完善的指示系统和无障碍设施系统；空间组织宜紧凑、合理、明了、美观。医疗与保健康复类建筑的室内需要考虑大量人流使用的特点，建材宜选择耐磨、耐腐蚀、耐清洗、安全无毒的材料（图 5-1-20、图 5-1-21）。

⑨ 体育竞技与休闲类建筑

这类建筑不仅是专业运动员日常训练、进行比赛的场所，更是市民观看比赛、锻炼身体和休闲娱乐的地方。可以分为各类竞技体育场、馆和休闲运动场、馆。

体育场虽然是露天或半露天的运动场地，但建筑中也包含室内活动、服务类、管理办公等空间；而体育馆是室内的运动场地，主要包括运动比赛区域、观众席、交通疏散空间、服务空间和辅助设施；休闲运动类建筑则主要提供专业的运动场地和相关服务，空间构成相对简单，环境讲求一定的品位、舒适性和美观性。由于不同体育活动和竞赛项目对场地有特定的要求，因此建筑内的核心功能区域的设计都具有特殊性。另外，这类建筑室内设计的安全问题需要特别关注，每种运动项目的空间布局和周边关系都需要考虑周到。在体育竞技建筑中还要对观众流线和疏散作研究和设计，合理地进行分区、安排疏散通道和出入口、确保人流庞大场合的安全。现代体育竞技与休闲类建筑在空间形态上追求独特的个性和展示效果，可以采用活泼、动感、时尚、个性的造型和色彩（图 5-1-22、图 5-1-23）。

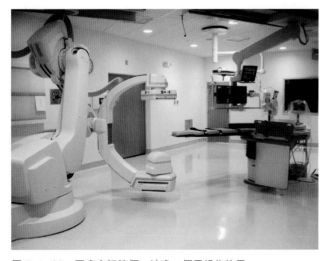

图 5-1-20　医疗空间简便、洁净，便于操作使用。

图 5-1-21　大型医院的公共空间具有组织空间、分区和人流缓冲、休息多种重要功能。

⑩ 交通类建筑

工业革命以后，交通方式呈现递加的发展速度，城市扩张更推动交通方式革命性的更新。传统交通方式逐渐被轿车、地铁、轻轨、城际汽车客运、高速列车、飞机等交通工具的大量运用而打破，长途出行方式的数量在不断增加。客运站场的设计成为现代城市重要的组成和形象工程。交通类建筑主要包括飞机场、火车站、长途客运站、地铁轻轨站以及数量巨大的城市地下停车场等等，这类建筑中最重要的是飞机场、火车站，往往体量巨大，是城市交通运输的心脏。重要的交通建筑室内功能复杂，除交通执行单位复杂的管理、办公空间和运作空间外，还必须提供旅客手续办理的清晰简便的流程和等候期间的休闲娱乐服务设施，这些硬件设施和环境，直接涉及交通服务质量和效率。现代城市大量兴建或改造交通建筑，使之成为都市经济和文化发展水平的象征，其室内设计也就具有了更加多元丰富的内涵（图5-1-24、图5-1-25）。

公共建筑的基本功能是特殊的，由于其内容极为广泛，涉及许多具体的专业领域，因此在室内设计界常被分为各个专门领域，由特定设计公司进行操作。公共建筑室内设计的进步和发展，是依靠对各类公共建筑的深入研究和功能发掘来取得的。由于公共建筑的公共性质，往往使其带有明显的社会群体服务功能，因此在公共建筑的基本功能得到良好实现的前提下，设计师需要思考社会进步和人类发展的前瞻性问题，并纳入公共空间设计的思想领域。对人类社会生产力进步和所面临问题的思考，在公共空间中表达，最能引起公众效应，是传递信息最佳的途径。所以，设计师把握公共建筑室内设计的要点，必须创新地对待公共建筑的功能，在原有基本功能下发掘更深层次的人的需求和社会的需求，可以建立新的、符合社会发展的设计语言和文化语言。

2．关注并运用先进的建造科技

社会生产力总是在不断地发展进步，反映在公共建筑设计理念更新、服务设施设备更新、材料和建造技术更新等几个方面。由于公共建筑的

图5-1-22 美国俄亥俄州保罗布朗体育场。大型体育场的人流组织和安全性是空间设计当中最重要的内容之一。

图5-1-23 竞技类场馆的主要功能要符合具体体育竞技项目的要求。

图 5-1-24　地铁是城市重要的交通建筑，内部空间的合理有序、简明高效是对城市发展和市民生活最佳的服务。

图 5-1-25　首尔仁川国际机场候机楼。清晰的指示信息，柔和明快的尺度、色调，高效舒适的服务功能设施使这个机场名列世界最佳机场的行列。

图 5-1-26　现代科技进步很快，为公共空间设计提供大量新的建造技术和手段，可以创造出超真实感的形态。

社会特殊意义，先进的科技往往优先表现在公共建筑身上。一个大型的公共建筑作品，常常能引领设计新思潮、新理念和新建造技术的运用和普及。

每一个时代都有独特的公共建筑类型，而公共建筑也总是能反映时代的生产力水平、经济水平和文化水平。每一个"当代最先进的科学技术"在公共建筑的运用，能突出地传达人类社会对自我时代成就的记录和彰显，所以公共建筑室内设计的第二要点，是关注时代先进的建造科技并加以科学合理地利用。

在历史中，先进建造科技的利用案例众多，从古希腊古罗马时代的神庙、浴场、巴西利卡，中世纪拜占庭或哥特教堂，到工业革命后欧美的交通建筑、办公大楼，公共建筑反映了时代建造科技最进步的成果和最高的能力。现代的科技发展速度超乎想象，在智能化建筑上，各种生物、化学、物理、信息的科学手段为建筑带来极高的附加价值和从建造到使用过程的便利性、安全性，材料科学的发展也为建筑提供更加安全、环保、人性化的新材质，这些成果在现代公共建筑上的使用是必然的，作为现代室内设计师，将先进的建造科技纳入设计是无法回避的问题，也是成功的公共建筑室内设计必需的手段（图 5-1-26、图 5-1-27）。

3. 创造独特的审美体验与文化价值

公共建筑具有高出一般建筑的文化价值，作为社会群体的共同活动的载体，公共建筑担负更高的社会发展责任和文化宣传责任。具有高文化价值的公共建筑，可以成为一个城市或地区的代表性建筑，独特的文化表述可以加强市民的价值感和归属感，构成良好的群体意识和文化沉淀。世界众多建筑大师都以设计成功的公共建筑为荣，譬如北京的国家大剧院、巴黎的卢浮宫博物馆、

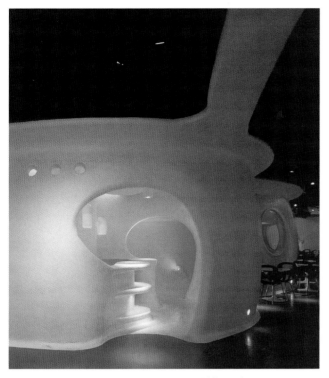

图 5-1-27 技术运用可以体现在结构、材料、设备设施等多方面。

图 5-1-28 个性化的形态语言赋予空间更丰富的内涵。

图 5-1-29 高大中庭以简约细腻的现代设计手法达到环境强烈的审美感受。

澳大利亚的悉尼歌剧院、纽约的大都会博物馆……
每个国家甚至每个城市都需要建立独特的、属于
自己的文化建筑。公共建筑室内设计的文化价值
可以通过以下几种途径达成：

①突出的先进建造科技手段和材质等，传递
时代高物质文化水平的信息。

②以创新的方法宣扬地区传统文化的独特性，
构造高品位与传统结合的建筑语言。

③以高度完善的人性化功能设计打造建筑为
人文服务的核心理念，在人的生存价值上给予最
直接的认可。

以上三种手段常常融合在一起在设计中表达，
设计师自身的价值观和文化取向会使设计表现出
文化内涵的倾向性（图 5-1-28 ~图 5-1-30）。

公共建筑的室内空间构成往往比较复杂和丰
富，可以给予观者更大更富变化的审美体验。公
共建筑设计者可以充分有效地利用空间的复杂度，
建立独特的审美过程，这本身也可以是公共建筑

文化价值的组成部分。空间的形状、尺度、方位变化，界面的关系、材质、色彩，光影，特殊结构和构造，空间内容物等多种多样的物质要素，都是设计师创造审美体验的重要手段，公共建筑可以提供给设计者充分施展的平台，对设计者而言也是很大的挑战。

图 5-1-30　特殊的材质和色彩关系形成一个特色空间。

图 5-2-1　入口空间具有为建筑内部风格定位的作用，现代办公空间通常会在入口设计上颇下功夫。

二、入口空间的设计

公共空间的入口虽然不是最主要的空间，但是在公共建筑室内设计中占有相当重要的地位。正如前文所说，公共建筑在现代社会发展中的重要性和文化价值，使其具有巨大的实用、认知和审美功能。入口正是公共建筑发挥其功能的起点，对建筑的性质、特征、风格有开篇定位的作用（图 5-2-1、图 5-2-2）。

公共建筑的入口设计是室内空间的第一印象，设计时应该根据建筑的规模、性质来决定其功能、大小和性格。入口空间通常由接待问讯、相关手续办理流线、等候休息、交通路线设置、管理安保等多重功能构成。设计这一空间时，应注意满足以下几方面的要求：

1. 空间布局清晰简明，使入口各功能之间相互协调。

2. 遵照交通流线的合理性，注重空间分区处理时的水平与垂直向交通流线的关系和分布均衡性。对主要流线与次要流线要通过室内要素语言进行分类，使主要流线明晰突出。

3. 增加相应的界面进行区划和视线设计，使主要功能突出，便于使用者分辨空间功能信息。举例来说，酒店的入口空间包含入住与结账主要手续的办理空间，客人休息等候空间，商业服务性空间，行李安置、存放、运送流线空间，客流交通空间和其他辅助性空间如餐饮、娱乐等。众多功能可以混合交融在一起，体现酒店的温馨气氛，但无论功能多么复杂，最突出的必定是入住与结账手续及相关服务的办理空间，即酒店的总服务台。因此，酒店入口界面的设计应该有意地将视线向总台引导，形成主次明确的空间逻辑关系。

4. 对公共建筑内工作人员的管理、服务及工作流线进行妥善的组织，尽可能避免不同流线间的相互干扰。例如博物馆空间就要将外部服务与内部管理维护进行明确的分划，内外的工作流线最好是完全分离设置，需要时常常分不同的入口空间进行设计。

5. 设计要协调、统一、大气，空间的尺度、比例在可调整的前提下应符合建筑的功能和性格。装饰手法和风格要体现建筑的功能定位、等级和个性，还要满足环境使用的舒适性和科学性，营造人性化的服务空间。选材应注意公共建筑大量人流的特点，要体现品质、耐久、舒适、美观。比如展览性建筑常选择石材、高强度同质砖或塑胶材质的地面，就是考虑其耐久且利于清洁维护的特点。

6. 光环境设计以明快、美观为基本要求，也可以根据建筑个性特点作特殊处理，但通常公共建筑入口的光设计要避免阴暗、模糊或过度变化。

公共空间的入口设计是设计师水平、能力的重要展现场所，因此浓墨重彩也好，淡雅轻描也罢，都是整体设计中最重要的组成部分（图 5-2-3 ~ 图 5-2-6）。

图 5-2-3　美国 Kendall 美术学院入口。这是一个在旧建筑上加建出来的空间，体现融合、自由的性格，也形成良好的流线组织。

图 5-2-4　韩国李氏私人博物馆入口。具有明确导向意义的空间形成进入过程的铺垫，使参观者形成对博物馆内容的期待。

图 5-2-2　入口空间具有组织、分流、管理、安保等多种功能，需要对有限的空间进行合理布局，还要体现空间主题。

图 5-2-5　入口空间有时与主要交通空间连为一体，形成大体量的尺度，对设计师来说重在把握其整体效果。

三、交通空间的设计

大多公共建筑体量大、内部空间复杂，室内交通的设计对公共建筑的使用效果有直接的影响。建筑内部的交通空间可以分为水平向交通和垂直向交通，两者间有密切的关联，在设计中必须综合考量。

交通空间的设计应遵循以下几个原则：

1. 使用便利原则。交通空间属于室内的服务功能、联系功能空间，使用者通过交通空间到达主要功能空间或在主要功能与其他功能空间之间移动。对内容复杂的公共建筑而言，将交通空间设计得流畅、简洁、便利，是考量设计师能力的重要指标。"使用便利"是指：对建筑不同使用者都提供良好有效的交通支持，交通空间易于达到各主要功能空间，交通空间构成、尺度、材料、光线都舒适并且安全（图5-3-1～图5-3-3）。

2. 分区服务、流量分布均衡原则。公共建筑内主要功能空间、辅助与服务功能空间、设备空间、管理办公空间等常常是分区设置并相互联系。交通空间要根据建筑使用的具体需要，对不同区域的交通功能要求进行分析，采取分区服务的方式。对人流量大或集中时段人流量大的区域，交通空间的尺度要适量放大，还需要增加交通缓冲区域以提高安全度；对有特殊尺度要求的区域，譬如展览馆的运送展品的通道、电梯，也同样要根据具体的使用要求放大尺度并增加交通回旋区域。使用量大的公共建筑要对人流量进行分析，以相对均衡的分布来设

图5-2-6　香港香格里拉酒店入口大厅。空间流线和性格由中央大吊灯主控，大型楼梯形成入口与二楼直接的联系。室内设计的细节使空间在华丽中透出典雅的气质。

图5-3-1　机场的交通空间采用步行和履带传送两种平行的形式，形成良好的分离与管理，也便于旅客使用。

置交通设备如电梯、自动扶梯等，使空间的使用比较平衡。在体量大、内容复杂的公共建筑内，纵向交通可以直接控制人流到达的楼层，在同一个平面内也可以通过交通隔离的方式控制不同人流到达的空间（图5-3-4）。

3. 主次分明、协助流量控制原则。离主要出入口、主要功能空间近的交通空间为主要交通空间，其他的为次要交通空间，设计者需要对交通空间分类并根据类别进行空间设计，交通空间的尺度、材质、色彩、光可以形成对使用者的引导，设计者利用这些要素实现各级主次交通空间的区别，以协助建筑管理中流量的分流和控制。机场、火车站、大型宾馆、医院、大型商场等属于公共建筑中交通空间最复杂的类型，主交通空间往往

图5-3-3 个性化的简约走道设计，灯光、材质都协调统一，空间不复杂，但是却富于文化内涵。

图5-3-2 酒店的电梯厅、走廊都是交通空间最重要的组成部分，在风格上联系客房与其他公共部位，体现品质感，同时要便于清洁维护。

图5-3-4 大型商场的交通空间要满足大的人流量使用要求，同时便于展现商店橱窗，还需要有清晰的水平与垂直交通交接点。

也有多个系统，设计者需要对不同系统间的关系进行协调，才能实现合理的功能（图5-3-5）。

4. 设计风格符合建筑性格，空间元素搭配美观，便于维护、清洁的原则。交通空间是公共建筑重要的组成空间，是每一位建筑使用者都必然经过的空间，也是展现建筑和空间性格的良好载体，因此交通空间在美感上要求比较高。交通空间设计语言可以是简约的，但是风格要符合建筑的性格，起到认知、展示、象征建筑核心功能和文化内涵的效果。交通空间使用者多，就需要有良好的耐久性和易于清洁、方便维护的特点。交通空间通常选择质地坚固、耐磨、热胀冷缩变形小、耐腐蚀的材料；在材质构造上如果对损伤部位易于修复，也是交通空间设计推崇的方式。地面对防滑安全性的要求尤其高（图5-3-6）。

5. 相关设备电气管理遵循可调控原则。公共建筑的交通空间，通常提供舒适的空调、照明等功能。由于空间大，为了便于管理和节能，在顶部设备电气设计时，需要进行分路、分区管理，这样可以根据空间使用要求和状态调整空调、照明，实现空间管理的科学性。

图5-3-6　现代地毯的纤维可以具有防污防火功能，在交通空间的地面也能采用。

图5-3-5　出入口闸机有分流管理的功能，也形成空间分区。交通空间还经常利用色彩为旅客实施方向引导。

图5-3-7　指示信息清晰、便于观看，是大型公共建筑交通空间共同要求，现代城市在公共交通建筑内特别关注信息传达的准确有效。

6. 指示、逃生系统清晰的空间安全原则。作为空间联系的环节，交通空间必须具有清晰的指示系统和逃生路径安排。在大型交通类建筑中还常常采用多种语言指示信息，使复杂的空间体系得以被清晰地理解和使用。公共建筑安全问题是设计中极为重要的内容，需要设计师根据相关国家规范进行严谨、合理、科学的设计，使公共空间真正能服务于社会群体，保障使用者的生命安全（图5-3-7）。

对建筑日常垃圾、废物的运送管理需要单独设置，尤其是包含餐饮空间的公共建筑，在使用过程中产生大量的垃圾和脏水，气味也不好，所以设计时应考虑空间的前后分区管理和不同的交通系统，以尽量减少垃圾废水、气味对环境的负面影响。这方面的内容与现代城市生活的健康、安全有密切的关系，设计师不能忽视。

四、主要功能空间的设计

公共建筑的主要功能空间根据建筑的不同类型而有很大的区别，主要功能空间是建筑的核心主体，提供明确的功能、承担主要的建筑价值。从统一的设计原则来说，公共建筑的主要功能空间需要遵循这样几个设计原则：

1. 满足具体使用时的舒适度。作为公共建筑主要被占有、使用和最受重视的空间，主要功能空间要最大化地满足使用者的物质需求和精神需求。比如餐饮空间设计在保障营业利益的前提下，要根据餐厅服务对象的等级、文化习惯以及餐厅的性质来设置座位数、座位大小、座位摆放的形式等等。快餐厅、咖啡酒吧的密度可以较大，而正式的中、西餐厅和宴会厅单位用餐面积就要大许多。这主要是根据空间使用者的生理尺度、动态尺度和心理诉求来设计。

相关于使用者舒适度的空间感觉要素有视觉、听觉、嗅觉、肤觉、触觉等，根据空间的使用性质，设计者需要特别突出其中的某些项目以达到空间价值的表达。比如城市高级宾馆的客房设计，要特别突出其视觉、肤觉和触觉的舒适感受，舒适的温湿度和床上用品的触感，可以大大增加空间的亲和力，使旅客感到温馨和受尊重。再如观演建筑的主要观演空间需要提供优质的声效设计、混响时间和视觉效果，给观者充分的艺术享受；座位布置和视线设计方面，不同类型的观演建筑有着不同的要求和方法：话剧、戏曲、小品类演出中演员的面部表情细节很重要，大型歌舞演出时包括欣赏演员阵容的整体性和舞台的完整性。

图5-4-1 观演建筑的主功能是提供专业的视听享受，演出空间在物理性能优越的前提下要为观众提供舒适的座位和个性化的空间风格，满足全方位的美感要求。

要满足观赏条件，可以通过一些设计参数来控制，例如影院的水平控制角是从银幕两端各作 45° 线所形成的范围，而首排席位距舞台的尺度由最大水平视角不超过 120° 来控制，还有最佳的座席范围、最远视距控制、观演俯角控制、观演仰角控制、观演座位曲率控制、遮挡控制等等，都是感官舒适度的体现。观演建筑的混响时间设计有很高的科学性，必须经过专业的测算和科学的设计才能达到，也才能满足观众对特定演出类型的观赏要求。此外，避免回声、声聚焦等声缺陷现象也是十分重要的声音设计环节（图 5-4-1、图 5-4-2）。

2. 满足空间安全的需要。主要功能空间的使用效率通常较高，空间安全是建筑安全的重要组成部分，"安全"包括一般使用安全和突发灾难时

安全两种内容。室内设计师对一般使用安全要给予足够的重视，这在材料选择、家具配置方面最需要提醒注意。现代设计注重绿色环保安全材料的使用，家具的尺度、配件、细部设计也常常构成空间安全的重要内容。大体量的主要功能空间一定要采取明确的防火分区，防火设备的布点和逃生通道的设置要符合建筑规范（图 5-4-3）。

图 5-4-3　许多公共建筑将顶部设计的造型与设备结合为一体，或将相关的设备设施隐藏在顶部，表现出设计者对整体美观的重视。

图 5-4-2　儿童活动空间必须安全，尺度符合儿童的特点。在一个色彩斑斓、空间丰富、器具安全的环境里，儿童会感到舒适。

图 5-4-4　这个酒店餐厅的色彩和形状都令人联想到热带的自然风光，极富审美情趣。

3. 发挥主要功能空间的审美和象征等心理作用。这方面非常受设计师和使用者关注。公共建筑的主要功能空间蕴含大量的社会发展与时代价值观的信息，作为具有广泛展示、宣传能力的空间，许多公共建筑的室内设计者都会打造个性化的审美体验，使建筑的价值得到最大的发挥。而使用者通常对公共建筑的主体空间有相当的心理预期，比如纪念性建筑的端庄宏伟、文教类建筑的明快理性、艺术展览空间的独特丰富、商业空间的多元变化……当这些心理预期得到充分满足时，公共建筑的价值才得以被认可和显现；反之，建筑的价值往往会受到质疑甚至批判（图 5-4-4、图 5-4-5）。

4. 提高主要功能空间的效能。主要功能空间要在一个相对长的时间内适合使用，体现社会生产力的水平和时代的建造能力。规模越大的建筑，其内部空间的效能问题越突出，好的室内设计要充分发掘主要功能空间的使用效能，使其充分地为社会公众服务。设计师对空间使用的状态和现代性要有适度的提前量，人类社会在现代的发展速度十分快，公共建筑不仅要在建造好以后成为对公众或城市发展极富意义的场所，也要在使用多年后保持一定的社会价值。公共建筑的造价通常比较高，如果无法充分发挥其效能，那就是严重的浪费。提高效能的方法主要有运用先进的建造技术和手段，在有效地满足常规使用方式的前提下发掘潜在的使用功能，使空间形成良好的被占有和被使用的状态，避免无效空间（图 5-4-6）。

另外，主要功能空间的设计风格是建筑中最具有代表性的，一般对其他空间的风格具有统领作用，文化宣传性强的空间常常体现浓郁的地方特色，成为区域的文化象征。

图 5-4-5　极简的空间设计凸显商品的精致和细节，顶部华丽的水晶吊灯有点题作用，也形成强烈的形态对比。

图 5-4-6　方便良好安全的使用和丰富的审美体验，会使一个空间真正成为被占有的、有意义的环境。这个船舱内的卫生间将安全与美感结合，空间的效能很高。

主要功能空间的设计，还要注意与其他空间以及交通、服务、辅助空间之间达成良好的关系。例如宾馆客房的界面设计上要采取有效的防噪声和隔声措施，百货商店气味浓郁的化妆品柜台通常布置在首层，大件的耐用消费品如家电、家具的销售通常具有便捷的垂直交通。因此，主要功能空间的功能虽然是主体，但并非独立存在，而是与其他空间的功能共同作用的，设计师应该通盘考量，作出合理的判断。还有公共建筑主要功能空间中也不乏私密性强的空间，在视线、声音、气味等上面都应该避免空间的相互干扰，进行适当的区域划分，给人舒适、适用的效果。

五、特殊要求的公共建筑室内设计

公共建筑服务对象广泛，社会大众需求的多样性，使公共建筑设计常常包含一些特殊要求的空间。以下从特殊功能与特殊感官设计和无障碍设计几方面分析公共建筑室内的特殊设计。

1. 特殊功能与特殊感觉设计

每一类公共建筑都具有自身的特殊性，这是其特定功能和特定服务群体的要求。不过，有一些公共建筑的特殊要求相较而言具有更加独特的意义。比如销售专门产品的专业商店，具有对特定商品特殊的表现力，满足的是对这类商品有特殊需求的客户。音响专业店针对的通常是发烧级客户，在销售过程中试听是必不可少的，因此除了音响的陈列展示空间，专业的视听室也是必须安排的，或者对展示厅的界面和形状做些特殊处理，使之能够满足混响和声场的要求。这时，声学效果的重要性比视觉效果有过之而无不及。而眼镜店除展示镜架、试戴、销售等常规环节外，专业的眼镜店还兼负一定的医疗保健功能，专业的视力测试、验光功能的空间必须被良好地设计，符合医疗卫生的规范（图5-5-1）。

有些建筑在公众安全方面具有特殊的功能内涵。比如航空港的安检、托运等环节，就具有特别的功能，要达到相关行为的简便、高效、安全、完善，设计者必须与专门工程人员或公司配合操作，深入了解相关环节的空间设计需求，才能保证设计的科学、合理、协调。再比如银行柜台区域空间的设计，采用计算过时间的双道门设计，保证一扇门不关时另一扇门不打开，就是为了安

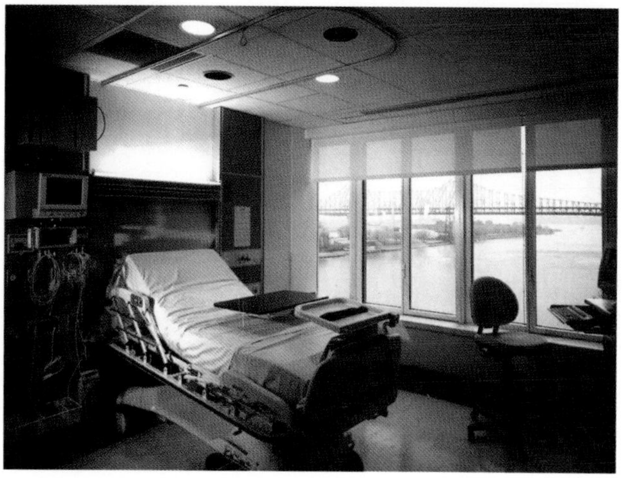

图5-5-1 现代医院的设计更多地考虑病患的感受，在简雅的环境里以最大的功能来减轻病人的压力。

图5-5-2 机场的安检需要理性、严谨的设计方式。

全而设定的特殊功能（图5-5-2）。

　　室内的特殊感觉设计通常指为了达到使参与者产生特殊的感觉，在空间赋予人的视觉、听觉、肤觉、触觉或嗅觉等方面进行的特殊设计。要做好这方面的设计，必须充分了解人类感官的特定性能。前文举了剧场和音响专业店为例，说明设计中视觉、听觉设计的独特性。环境利用人的感觉规律和空间学的特点，用科学技术的手段创造良好而特殊的条件，达到良好的艺术效果。比如科技馆的空间设计常常利用光产生视幻效果，为了表现场景的真实性，还经常利用肤觉、触觉甚至嗅觉来产生如火山爆发、地震海啸等自然现象的感觉。这类设计同样需要专业团队的配合，在空间设计的效果和安全性上都要投入足够的关注（图5-5-3）。

2. 无障碍设计

　　现代社会越来越关注社会的弱势群体和病残人士，在公共建筑内部也包含大量为特殊人需要而设定的特殊设计。无障碍设计具有特殊的设计要求和设计方法，也相关于特定的设备设施，因此在设计中要专门拿出来研究、分析。

图5-5-4　为残障人士设计的卫生间，但是并不感到突兀，对正常人而言也是使用感很舒适的空间。

图5-5-5　森代多媒体中心（1995—2000年），伊东丰雄设计。运用先进的建筑结构和构造，空间的无障碍设计也非常合理。

图5-5-3　现代科技馆多为活动者提供特殊的感官体验。

无障碍设计的尺度、使用方式有专门的建筑规范如《城市道路和建筑物无障碍设计规范》、《无障碍设施设计标准》等可以遵循，室内设计师可以在符合要求的前提下作合理的变通，目的是为了使这类设计在视觉效果上不至于突兀，而是使正常使用者也感觉自然、美观，这是对特殊者的尊重和呵护。

无障碍设计在空间尺度和选材上都具有特殊性，为方便残障人士或年老体弱患病人士的使用，空间尺度要将辅助设施设备与人体尺度共同考虑，还要将具体的使用方式体现在尺度设计上。例如残障人士卫生间的洗手盆设计，不仅要考虑由轮椅辅助的人行为的尺度，还要考虑轮椅占用的空间位置和运动影响。装饰用材多为较柔性的材料和耐磨材料，考虑使用者的安全和舒适，塑胶地板、木地板、防滑砖是常用的地面选材。另外，在墙界面设计上需要充分考虑操作面的适用，还经常增加扶手、转弯护角等辅助设施（图5-5-4、图5-5-5）。

六、参考阅读文献及思考题

1.《国外建筑设计详图图集》丛书，中国建筑工业出版社。

2.《建筑设计资料集成》日本建筑学会 编，中国建筑工业出版社。

3.《现代商业建筑设计》王晓等 编著，中国建筑工业出版社。

4.《公共建筑空间室内设计》田沛荣 编著，中国水利水电出版社。

思考题：

1. 公共建筑主要有哪些类型？

2. 文教类建筑室内设计的主要功能是什么？

3. 办公建筑室内设计的主要功能空间有哪些？

4. 商店建筑的主要功能空间是什么？在设计时如何将其功能与审美结合在一起？

5. 观演建筑的视听功能如何实现？

6. 公共建筑入口空间的设计原则有哪些？

7. 交通空间的设计如何协调水平交通与垂直交通？

8. 无障碍设计应把握哪些要点？

第六章

装饰材料和构造

室内设计离不开形式、材料、技术三个方面的共同配合。再好的设计概念都必须运用具体的材料和科学合理的施工技术、工艺来建造。装饰材料和构造对于设计的重要性表现为：

1. 设计理念必须通过物化的材料和一定的生产、制作、施工的技术手段来实现，装饰材料是建筑装饰活动的物质基础，工艺是技术保障。

2. 形、光、色、质等设计要素必须通过具体的材料才能表现，差别细微的材料和构造方式所营造的最终效果可能相去甚远。

3. 设计的目的是为人所用，评价设计优劣的标准不仅仅停留在视觉感官上，还应好用、耐用、安全可靠，并受到经济因素的影响，材料的性能、价格、加工状态、施工质量等对设计来说也是不可忽略的因素。

4. 装饰材料的价格一般占装修工程总投资的 60%—70%，将在很大程度上影响工程项目的造价。

设计师应该熟悉各类装饰材料，掌握各种材料的特点、适用条件、装饰效果和相应的施工工艺要求。我们的时代是一个物质极为丰富的时代，科学技术的进步为设计师提供了以往难以比拟的众多的装饰装修材料，而且还将不断地日新月异；同时，由于新材料的出现，施工技术和工艺也逐渐变得更为简便、高效、安全和可靠。设计师应该紧跟时代的步伐，关注材料行业的发展、关注建筑节能产品、关注其他领域材料的应用，敏锐地发现适合建筑的新材料；及时了解和掌握最新的建材信息，学习最新的施工技术和工艺要求，丰富设计语汇；在设计实践中，探索并挖掘传统材料的特性和表现力，通过不同的施工或构造方式来获得创新设计，并且应与材料生产厂家、安装施工单位共同协调以达到完美的形式表达。

一、装饰材料的选用原则

设计不是拼凑，而装饰也不等同于材料和设计语汇的堆砌。设计师在进行室内设计时面对如此纷繁的装饰材料市场应如何进行合理的选用搭配呢？一般来说，可以从以下几个方面来综合考虑：

1. 材料的外观

装饰材料的外观指材料的形体、质感、纹理、色彩等表观因素，体现了材料的装饰性。

表 6-1-1 只是材料外观的部分实例，但反映出材料的外观特征会影响到室内环境的装饰效果。设计师在进行材料选配时，应根据设想的视觉效果来选用（图 6-1-1、图 6-1-2）。

材料外观		视觉效果
形体	块状	稳重厚实
	板状	轻盈柔和
	条状	细致而有方向感
质感	硬质毛面	粗犷朴实
	软质毛面	柔和温暖
	镜面	简洁现代
	亚光面	内敛含蓄
	透光面	通透开敞
纹理	木纹	美丽自然
	石纹	自然精致
	拉丝纹	细腻精工
	冰裂纹	有历史文化感
	豹纹	狂野张扬
	网纹	均质理性
色彩	红色	兴奋、时尚、警觉、刺激
	绿色	消除紧张和视觉疲劳
	白色	纯洁、高雅
	蓝色	清爽、深沉
	黄色	富贵、亮丽

表 6-1-1 不同外观装饰材料的视觉效果表。

图 6-1-1　红色的模压板显示出木纹，使弯曲的时尚造型中略带细腻感。

图 6-1-2　德国科隆 Kolumba 艺术博物馆的历史建筑遗迹参观保护区的人行通道采用具有历史感的木质材料，和石灰岩的遗迹形成对比；废墟墙体上用小块的白色砌块砌筑成透空外墙，既减轻了荷载，又让光线透进来，从视觉上获得纱幔的效果，减弱空间的封闭感，同时也有利于室内通风。

基本性质		应用
物理性质	密度	以下材料的密度由大到小排列：不锈钢、花岗石和铝合金、大理石、石灰石、松木、石膏。
	表观密度	以下材料的表观密度最小值由大到小排列：不锈钢、铝合金、花岗石和大理石、石灰石、石膏、松木、泡沫塑料。
	孔隙率和孔隙特征	直接反映材料的致密程度，孔隙率大且连通孔多的可做吸声材料，孔隙率大而闭孔数多的可做保温隔热材料。孔隙率小、连通孔少的材料吸水性较小，吸声性较差，强度和耐磨性高，抗渗抗冻和耐腐蚀性较好。
	亲水性或憎水性	建筑石膏、彩色水泥、装饰砂浆、装饰石材、木材等属亲水材料；防水涂料、胶黏剂、塑料等为憎水性材料，可用来防水。
	吸水性	吸水性大的材料保温性、吸声性、抗冻性都较差。
	吸湿性	材料在潮湿的空气中吸收空气中的水分，会改变材料的含水率；吸湿性高的材料不适宜用在潮湿环境中。
	耐水性	软化系数大于 0.80 的材料属于耐水材料，其强度不易随含水率的升高而降低很多。
	抗渗性	材料抵抗压力水渗透的性质，防水材料应具有高抗渗性。
	抗冻性	是材料抵抗大气作用的一项耐久性指标，寒冷地区的室外装饰材料和低温场所的装饰材料要有优良的抗冻性。
力学性质	强度	包括抗拉、抗压、抗弯、抗剪等强度，构造紧密、孔隙率较小的材料强度较高。
	硬度	硬度大的材料耐磨性较强，但不易加工。
	耐磨性	地面、楼梯踏步、厨房操作台及其他受较强磨损作用的部位，宜选用耐磨性好的材料，如石材、地砖、人造石等。
热学性质	导热性	保温隔热材料的导热系数一般小于 0.175W（m·K），在施工和使用过程中应保持干燥状态，避免受潮受冻后导热性变大。
	保温性	比热大的材料能缓和室内的温度波动，属保温材料。
	耐燃性	据《建筑内部装修防火设计规范》（GB50222-95），装饰材料分为非燃烧材料（A级）、难燃材料（B1级）、可燃材料（B2级）、易燃材料（B3级），并对建筑内部各部位装饰材料的燃烧等级做了严格的规定。
声学性质	吸声性	一般把在 125Hz、250Hz、500Hz、1000Hz、2000Hz、4000Hz 等六个频率的平均吸声系数不小于 0.20 的材料称为吸声材料，可抑制噪声、减弱声波的反射作用。观演类建筑、大会堂、播音室、工厂车间等室内的墙面、地面、顶棚等部位，应使用适当的吸声材料。
	隔声性	隔声分为隔空气声和隔固体传声：对于前者，选用单位面积质量越大的材料，效果越好；对于后者，选用弹性衬垫材料置于产生和传递固体声波的结构层中，能阻止或减弱固体声波的继续传播。

表 6-1-2　装饰材料的基本性质。

2．材料的功能性

装饰材料的组成（包括化学组成、矿物组成和相组成），宏观、微观和细观层次上的结构，以及材料结构单元间互相组合搭配的构造方式决定了材料的基本性质。而材料的基本性质又决定了它的适用场合（表 6-1-2）。装饰材料对于室内建筑环境来说，具有三大功能：①保护主体结构、延长使用寿命；②保证使用、满足功能；③塑造空间、弥补不足、营造氛围、追求意境。设计师应具备分析所要设计的空间场所的使用要求的能力，结合材料的功能特性来选用合适的装饰装修材料（图 6-1-3、图 6-1-4）。

3．材料的加工性

这是另一个设计师应该重视的原则。加工性指材料是否能被加工成多品种、多规格、多花色、多功能。现代的装饰施工更注重效率、成本和质量控制。同一种材料，用不同的加工工艺来生产，可以获得不同的规格、不同的性能和不同的施工方式。选用大规格、轻质量、高强度、半成品或成品化的装饰材料，能提高施工生产效率，有助于实行标准化、装配化施工，从而降低成本而确保和提高施工质量（图 6-1-5）。

图 6-1-4　位于法国诺曼底的一个游泳俱乐部综合体中的儿童戏水区的设计，造型灵感来自于五彩缤纷的积木。设计师选用高纯度的彩色陶瓷马赛克作为饰面材料，起到防水的作用。

图 6-1-3　波兰波兹南一个利用旧厂房改造的大型购物中心的中庭空间。设计师采用在金属板上开孔的方式赋予中央的旋转楼梯一个表皮，形成具有体量感的形体，与另一边具有历史感的红色面砖墙体形成对比。

图 6-1-5　石材可以被加工成薄片，和铝塑板或蜂窝铝板黏合在一起，可以大大减轻自身重量，增强其强度，可用背栓式滑挂件进行干挂，以高效率的干作业替代传统的湿作业。

4．材料的经济性

任何一个室内设计和装修项目都有一定的投资预算，而装饰材料的费用在其中占到大部分。因此，设计师应把设计效果和经济因素综合起来考虑，尽可能不要超出投资预算。另外，室内环境建成后将有一定的使用年限，材料的选择还应考虑使用过程中所产生的维护保养费用、耗能费用等，甚至包括因更新变化而造成的额外投资（图6-1-6）。

以上四方面的材料选用原则应该和设计理念一起综合起来考虑，不能孤立地分别对待。只有与总体空间环境相协调、使用功能要求符合材料性质、经济合理的材料选配，才能使设计项目获得成功。

二、常用的室内装饰装修材料

按材料的材质分类，常用的室内装饰装修材料有无机非金属材料，如石材、陶瓷、玻璃、水泥等；金属材料，如不锈钢、钛合金、铝材、钢材等；有机高分子材料，如木材、塑料、有机涂料等；有机—无机复合材料，如人造大理石、铝塑板、真石漆等。

按材料在室内空间中的使用部位分类，主要有骨架和基层材料、面层装饰材料。其中面层装饰材料又包括内墙饰面材料、楼地面饰面材料、顶棚饰面材料、家具饰面材料。

1．常用骨架和基层材料

骨架和基层是指在室内空间中为了提供装饰面层依附的界面，且保持其平整、完好或形成一定的造型而设置的具有足够刚度和稳定性的结构体系。

● 轻质砌体

常用的有非黏土烧结空心砖和空心砌块、蒸养蒸压空心砖和空心砌块、加气混凝土砌块等。其中，烧结空心砖和空心砌块的技术要求执行《烧结空心砖和空心砌块》（GB13545-2003）的标准，蒸养蒸压空心砖和空心砌块的技术要求分别执行《蒸压灰砂砖》（GB11945-1999）和《粉煤灰砖》（JC239-2001）的规定，加气混凝土砌块则执行《蒸压加气混凝土砌块》（GB11968-2006）的标准。

图6-1-6　人流量大的公共空间选用石材做地面的饰面材料，因石材具有耐磨性，所以会有较长的使用年限。从这点来看，石材地面的经济性尚可。

非黏土烧结空心砖和空心砌块具有良好的尺寸稳定性、透气性和热稳定性，主要用来砌筑非承重的室内隔墙。

蒸养蒸压空心砖和空心砌块大量利用工业废料，减少环境污染，不需要大量取土破坏农田，为推广的墙体材料之一。其干缩值大于烧结砖，选用时应设计构造措施防止裂缝产生，且在施工中严格控制含水率。这种材料不宜用于流水冲刷部位、长期高温（200℃以上）作用的部位、有酸性介质侵蚀的地方。

加气混凝土砌块具有质轻、保温、加工性好、应用广泛的特点。可用于框架结构及其他结构的非承重填充墙，具有均匀细密的多孔结构，隔声性能优良。同时，它属于非燃烧材料，符合防火要求。但使用时应注意不得用于湿度大、经常干湿交替的部位，也不能用于受化学侵蚀和承重时表面温度高于80℃的部位。

这些轻质砌体多采用黏结性能良好的专用砂浆砌筑，其强度等级应不小于M5，砂浆应具有良好的保水性。为避免产生裂缝，砌块与墙柱相接处须留拉结筋，竖向间距为500—600mm（根据所选用产品的高度规格决定），压埋2Φ6钢筋，两端伸入墙内不小于800mm；另外，每砌筑1.5m高时应采用2Φ6通长钢筋拉结，以防止收缩拉裂墙体。

● 轻钢龙骨体系

该体系由作为骨架的轻钢龙骨，作为基层的石膏板或硅钙板、矿棉板、GRC板、FT板等，以及承担固定和连接的配件所构成的体系，既可以用来做吊顶，也可以做隔墙。它具有自重轻、强度高、防腐性好、不怕潮、不变形、防火、防震、便于管线安装等优点，安装简便，可做各种造型骨架，安全可靠。

轻钢龙骨采用镀锌钢带轧制，分为墙体龙骨和吊顶龙骨。墙体龙骨又有沿顶、沿地龙骨和竖龙骨之分，型号有C50、C75、C100、C150。沿顶、沿地龙骨可采用射钉法、膨胀螺栓法、预埋木砖木螺丝固定法与钢筋混凝土梁或楼板进行固定，固定点间距水平方向不大于800mm。竖龙骨上下两端插入沿顶、沿地龙骨，用卡钳打铆眼固定，应精确定位、确保垂直。竖龙骨的间距为400—600mm。靠墙或柱的竖龙骨，应用射钉固定，钉距1000mm。

吊顶龙骨分上人（UC60）和不上人（UC38、UC50），按照安装的位置又有主龙骨和次龙骨之分。主龙骨的间距为1000—1200mm，次龙骨的间距为400—600mm，通过龙骨连接件互相连接，使主次龙骨形成一个整体；而该体系又通过安装于主龙骨上的吊挂件安装于预埋在楼板下的吊杆上。吊点的间距不大于1200mm。

隔墙骨架的两侧或吊顶骨架的下表面多覆以纸面石膏板等形成连续界面的基层，以供饰面材料依附。石膏板是用熟石膏为主要原料，掺入适量添加剂和纤维制成的，具有质轻、绝热、吸声、不燃、变形小、防火、防蛀和加工性好等性能，主要有普通纸面石膏板、防火纸面石膏板、防水纸面石膏板、装饰石膏板、纤维石膏板、空心石膏板条等。其中，各类纸面石膏板为轻钢龙骨体系中运用最为广泛的品种，棱边形状分为矩形直角边、45°倒角边、楔形边、半圆形边、圆形边，最常用的规格为2400mm×1200mm×9.5（12）mm。纸面石膏板安装于轻钢龙骨上的一般要求为：

① 隔墙石膏板可以横向或纵向铺板，对接缝应错开，两面的接缝不能落在同一根龙骨上，有防火要求时，须纵向铺板。

② 用于吊顶时，长边（包封边）须与龙骨垂

直铺板。

③ 用自攻螺丝安装于龙骨上,与边缘距离为10—16mm。

④ 固定时,遵循"先板的中部,再四周"的顺序,钉头应略埋入板内。

⑤ 板和板对接要靠紧,但不能强压就位。

⑥ 安装石膏板时,板与隔墙周围松散吻合,应留有 <3mm 的槽口。

● 泰柏墙板体系

泰柏墙板是由板块状焊接钢丝网笼和阻燃性泡沫塑料(聚苯乙烯)芯构成的轻质墙体材料,具有重量轻,不碎裂,防火,防水,易于埋设管线,便于加工、运输和施工的优点。其表面需经过水泥砂浆抹灰或喷涂后,可在外表面作各种装饰面层。

泰柏墙板的安装要点如下:

① 墙板与墙板以及其他墙体、楼面、顶棚、门窗框的连接必须紧密牢固。

② 墙板之间的所有拼接缝必须用平连接网或之字条覆盖、补强。

③ 外墙、楼板和顶盖的墙板拼缝必须用不小于306mm 宽的方格网覆盖、补强。

④ 墙的阳角须用不小于306mm 宽的角网补强,阴角须用蝴蝶网补强。

泰柏墙板的板面抹灰要点如下:

① 抹灰前应对其安装做全面检查认可。

② 抹灰用水泥砂浆用 42.5 以上普通硅酸盐水泥、淡水中砂按 1:3 的配比配置;如果采用砂浆喷涂工艺,其中可加入不多于水泥用量的 25% 的石灰膏。

③ 抹灰应分层进行,第一层约 10mm 厚,第二层约 8—12mm 厚,第一层抹完应用带齿的抹子沿平行桁条方向拉出小槽,以利于两层抹灰层之

间的结合。

④ 墙体抹灰必须遵循如下操作程序:抹墙体其中一面的第一层→湿养护 48 小时后抹另一面的第一层→湿养护 48 小时后各抹第二层。

⑤ 抹灰完成三天内,严禁施以任何撞击力。

⑥ 与其他墙体或柱的接缝在抹灰时应设置补强钢板网,避免出现收缩裂缝。

● 型钢结构

有些室内的轻质隔墙由于高度较高,超出了轻钢龙骨体系所允许的最大高度,需要用型钢补强;或者在大空间中需要进行夹层设计,可用型钢结构作为支撑夹层的主体骨架——钢柱、钢梁。型钢根据断面形状分为扁钢、角钢、槽钢、工字钢、方钢、圆管钢等,一般采用焊接或栓铆铰接。不论型钢结构最终露明还是用其他材料来饰面,均应做好防锈和防火处理。型钢结构因力学性质优良、施工方便快速、造价经济、耐用、不破坏原有建筑结构,且可以拆解重复利用而被越来越多地运用在加层改建和旧建筑改造中(图 6-2-1、图 6-2-2)。

图 6-2-1 位于爱尔兰首都都柏林的吉尼斯啤酒博物馆是由原来的酒厂改建而成的,型钢结构和玻璃既赋予了老工业建筑新的时代气息,也秉承了工业建筑粗犷的特色。

扁钢多用作型钢结构中的联系部件；角钢作用比较广泛，单根角钢承受纵向压力、拉力的能力较强，承受垂直方向力和扭转力矩的能力较差，因此一般作为钢骨架的支撑件或承重较轻的梁架，组合成空间结构的角钢可以用作支撑梁柱；槽钢承受垂直方向力和纵向压力的能力较强，承受扭转力矩的能力较差，多用作钢梁，另外槽钢对焊可以替代工字钢或方钢；工字钢一般仅能直接用于在其腹板平面内受弯的构件或将其组成格构式

受力构件；方钢的力学性质比较均匀，多作为柱子，小断面的方钢可以和角钢一同组成空间结构用作梁柱。

型钢结构有其自身的结构魅力，有时设计师对其进行暴露式设计来体现粗犷的、工业的效果，有时则用密度板、水泥纤维板等其他材料包裹起来，再在其上做饰面材料。

2．面层装饰材料

面层装饰材料是指安装、粘贴、涂敷或裱糊于骨架和基层之上，起到保护基层和美化空间作用的装饰材料，包括以下几类：

● 内墙饰面材料

由于内墙与人体距离十分接近，甚至可以被触碰到，又是人的视线最容易聚焦的位置，因此内墙的饰面材料选用应特别注重视觉效果和触摸效果。

常用的内墙饰面材料有内墙涂料、壁纸、釉面砖、木材、石材、玻璃、金属板等（图6-2-3～图6-2-8）。

图6-2-2 位于荷兰的 Selexyz Dominicanen 书店是由旧教堂改建而成的，为了利用哥特式教堂的高耸空间而又不破坏文物，设计师用型钢来做结构。

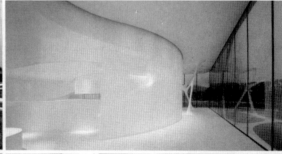

图6-2-3 有些设计师热衷于不规则有机形式的塑造，涂料可以很好地适应各种曲面变化。

图 6-2-4　釉面砖是耐潮、耐水的良好饰面材料，在卫生间、厨房等空间里经常被使用。

图 6-2-6　虽然石材总给人冷冰冰的感觉，但把天然石材加工成较小的规格进行图案拼贴，也会获得与众不同的视觉效果。

图 6-2-7　彩绘玻璃从很早开始就在教堂里大量使用，直到现在仍不失是一种体现宗教气氛的富有表现力的材料。

图 6-2-5　位于德国慕尼黑犹太人中心里的犹太教堂室内墙面用了大量的木材饰面，给祈祷者温馨的回家的感觉，与该建筑粗犷的外立面形成对比。

图 6-2-8　金属特有的光泽多用来表现高科技或简洁高效的时代感，但现在金属板也可以用锈蚀的效果来进行装饰。图中是西班牙马德里的 Caixa Forum，用锈蚀的穿孔金属板作为建筑表皮，既是风格的体现，又有引入阳光的实际功用。

内墙涂料具有色彩丰富、质感细腻、透气性、耐水性、耐碱性、施工方便、绿色环保的特性，常用的内墙涂料有聚乙烯醇水玻璃涂料、聚醋酸乙烯乳胶漆、乙-丙乳胶漆、苯-丙乳胶漆、多彩涂料、隐形变色发光涂料、梦幻内墙涂料、纤维质内墙涂料等品种。表6-2-1列出了常用的内

墙涂料的特点和适用范围。

壁纸图案丰富、耐用、易清洗、寿命长、施工方便。壁纸通过印花、压花、发泡工艺可以仿制许多传统材料的外观。壁纸包括纸基壁纸、纺织物壁纸、天然材料面壁纸、金属壁纸、塑料壁纸、风景壁纸等类别。常用壁纸的特点和适用范围比

内墙涂料	主要成膜物质	优点	缺点	常用颜色	适用范围
聚乙烯醇水玻璃涂料	聚乙烯醇树脂水溶液和水玻璃。	价低，不燃，无毒，施工方便，膜层光滑平整，黏结力尚可。	耐擦洗性较差，易起粉脱落。	白色、奶白色、湖蓝色、天蓝色、果绿色、蛋青色等。	住宅、医院、教学楼、图书馆等内墙装饰。
聚醋酸乙烯乳胶漆	聚醋酸乙烯乳液。	无毒，不燃，膜层细腻平整，色彩鲜艳，透气性好，价格低。	耐水性，耐碱性，耐候性较差，施工条件较高，温度>10℃。	白色、淡蓝色、湖蓝色、浅绿色、奶黄色、铁红色等。	中高档场所的内墙装饰，不宜做外墙装饰。
乙-丙乳胶漆	乙-丙共聚乳液。	光稳定性，柔韧性，耐碱性，耐水性，耐候性。	施工条件较高，温度>10℃。	较多，有半光和有光之分。	中高档场所的内外墙装饰，4m²/kg。
苯-丙乳胶漆	苯-丙共聚乳液。	高耐光性，耐碱性，耐水性，耐候性，耐擦洗性，膜层细腻，附着力好。	施工温度不低于10℃，湿度不大于85%。	色彩鲜艳，质感好，不泛黄。	中高档场所的内外墙装饰，刷涂或滚涂法。
多彩水包油	丙烯酸树脂。	涂膜色泽淡雅，立体感强，施工方便，耐水，耐刷洗，耐污，耐碱性，耐久。	有低毒。	一次喷涂，形成多种花色。	公共建筑，现已较少使用。
多彩水包水	合成树脂乳液。		图案多为颗粒状。		中高档场所的内墙装饰。
隐形变色发光涂料	发光材料、稀土隐色材料。	在紫光灯下呈现图案和多种色彩。	普通光线下多为白色。	刷、喷、滚、印刷等方法。	舞厅、酒吧等餐饮娱乐场所，广告、布景等。
梦幻内墙涂料	水溶性特种树脂。	不燃，无毒，涂膜坚韧耐久，耐磨，耐刷洗。	分底、中、面三层施工，等干时间长。	喷、滚、印、刮、抹等方法，可现场调配和套色。	住宅、宾馆客房、办公空间、酒店。
纤维质内墙涂料	水溶性有机高分子胶黏剂。	立体感强，质感丰富，阻燃，防霉变，吸声效果好。	耐污性、耐水性较差。	色彩丰富。	多功能厅、歌舞厅、酒吧等。

表6-2-1 内墙涂料特点和适用范围比较。

名称	特点	适用范围
普通塑料壁纸	花色多，适用面广，价格便宜。	一般装修墙面。
发泡壁纸	质感强，有一定吸声隔热性，表面强度较低，耐水性较差，纸基老化易损。	影剧院、住宅天花、墙裙、走廊、基层较粗糙的墙面。
耐水壁纸	防水功能较好。	卫生间、浴室。
防火壁纸	有一定的阻燃防火功能。	防火要求较高的墙面、木制品面。
彩色砂粒壁纸	质感强。	门厅、柱头、走廊等局部装饰。
金属热反射节能壁纸	节能，防结露和霉变，无屏蔽效应。	节能建筑。
无机质壁纸	质感自然粗犷，吸声，保温，吸湿。	营造自然主义风格。
植绒壁纸	质感强，触感柔和，吸声性好。	影剧院的墙面、顶棚。
丙烯酸发泡壁纸	质感强，装饰效果好，有一定吸声隔热功能，价格较高。	游艺和儿童活动场所。
激光壁纸	装饰效果好，可用于曲面，价格比激光玻璃便宜，施工要求高。	经常更新的娱乐场所。

表6-2-2 常用壁纸的特点和适用范围比较。

较参见表6-2-2。

墙体装饰用釉面砖属于建筑陶瓷类产品，是用瓷土压制成坯，干燥后上釉焙烧而成的，具有色泽美观、花色多样、热稳定性好、耐油污、耐腐蚀、易于清洁的优点。又可分为白色釉面砖、有光或亚光彩色釉面砖、各种纹理的装饰釉面砖、图案砖（花砖）等，其特点参见表6-2-3。

种类	特点	代号
白色釉面砖	色纯白，釉面光亮，清洁大方，造价低廉。	FJ
有光彩色釉面砖	釉面光亮晶莹，色彩丰富雅致。	YG
亚光彩色釉面砖	表面亚光或半亚光，色调柔和，雅致而内敛。	SHG
花釉砖	同一砖体上施以多种彩釉后高温烧制，色釉相互渗透，花纹千姿百态，装饰性好。	HY
结晶釉砖	晶花辉映，纹理丰富。	JJ
豹纹釉砖	豹纹釉面，丰富多彩。	BW
大理石釉砖	仿天然大理石花纹，颜色丰富，美观大方。	LSH
白地图案砖	属白色釉面砖的釉上彩做法，纹样清晰，色彩明朗，清洁优美。	BT
色地图案砖	属彩色釉面砖的釉上彩做法，可做成浮雕、缎光、绒毛、彩漆等效果，别具风格。	YCTD-YCTSHCT

表6-2-3　内墙釉面砖分类及其特点。

木材由于具有天然的纹理，色泽自然温馨，而被较多运用在室内精装修中。同时，有些木材由于具有良好的力学性能和加工性，而被作为木作的结构框架或龙骨来使用，例如柳桉、落叶松等。作为室内墙体的饰面材料，主要有装饰薄木、胶合板、纤维板、刨花板、细木工板、实木线条或板材等。

装饰薄木有天然薄木和人工集成薄木之分。天然薄木是将珍贵树种的木材经过一定的加工处理，用刨切或旋切的方式制成的0.1—1mm厚的薄木切片，纹理质感自然美丽，品种多样，色彩美观，可方便地切割和拼花，或制成装饰夹板。

人工集成薄木是把一定花纹要求的木材加工成几何体后胶结成集成木方，然后刨切成的薄木，由于幅面不大，主要用于局部装饰。

胶合板分为普通胶合板和装饰胶合板。普通胶合板是用椴、桦、松、水曲柳等树种的木材旋切成大张薄片，干燥后按相邻薄片纤维互相垂直的方向重叠，再经胶合、热压而成的多层木制品，一般作为装饰面层依附的基层来使用。装饰胶合板则是把普通胶合板的一个面的最上一层薄片用具有美丽花纹的装饰薄木来代替。胶合板由于生产工艺，而使其材质均匀、强度高、幅面大、平整易加工、不翘不裂、干湿变形小、装饰性好。胶合板按使用的胶的种类和板的耐水程度分为四类：

①Ⅰ类（NQF）——耐候性、耐沸水胶合板，能在室外使用。

②Ⅱ类（NS）——耐水胶合板，可在冷水中浸渍，为室内用胶合板。

③Ⅲ类（NC）——耐潮胶合板，耐短期冷水中浸渍，为室内用胶合板。

④Ⅳ类（BNC）——不耐潮胶合板，在室内常态下使用的胶合板。

纤维板是将木材加工下来的树皮、刨花、树枝等废料，经破碎浸泡，研磨成木浆，加入一定的胶合料，经热压成型、干燥处理而成的人造板材，具有材质构造均匀、各项同性、抗弯强度高、耐磨、绝热性好、不易胀缩和翘曲变形、不腐朽、无天然木材的表观缺陷等特性。按质地，纤维板分为硬质、半硬质、软质三种。其中硬质纤维板可用来制作室内壁板、门板、地板、家具等；半硬质纤维板可用来制成盲孔板，作为兼具吸声和装饰功能的饰面材料；软质纤维板一般用作保温隔热材料。

刨花板是将木材加工的剩余物，经机械加工

干燥，并加入胶合料拌和后，压制而成的人造板材，有挤压刨花板、平压刨花板之分。这种材料具有质轻、强度好、隔声、保温、耐久、防虫的优点，可作为室内墙面、隔断、顶棚等处的基层板，若是两面粘贴装饰胶合板或塑料贴面而制成的热压树脂刨花板，则可直接用来做卫生间的隔断或板式家具。

细木工板的构造为上下两层胶合板，中间是小块木条压挤连接的芯材，分为机拼和手拼两种，而前者的质量较好。细木工板质坚、吸声、隔热、表面平整光滑、不易翘曲变形、加工性能良好。机拼板可以直接用来加工制作成家具。

实木线条或板材多是用木方按设计要求加工而成的，由于使用的实木料较多，因此造价会较高。一般用于木装修的收边，或增加层次，或带有立体效果的局部重点装饰。

石材有天然石材和人造石材之分。天然石材具有高强度、视觉效果好、耐久性好、蕴藏量丰富的优点，是人类历史上应用最早的建筑材料之一，集结构与装饰于一体，但现在多用作界面的表皮装饰材料。作为饰面材料的天然石材是把岩石矿经过开采、形状加工、表面加工多道工序而获得的。决定石材装饰性的除了石材本身具有的天然纹理、色彩以外，表面加工方式起到很大的作用：通过研磨可以获得光亮平滑的抛光表面，适合用于体现豪华风格的公共空间；火焰烧毛而产生的毛面，给人朴实、自然的感觉；用传统手工方式雕琢或用现代机具对石材进行凿毛处理，使石材具有粗犷厚实之美。天然石材在室内设计中作为墙面的饰面材料，用得较多的是各种大理石、砂岩，花岗石相对而言用得较少。

墙体上的石材饰面施工有传统的湿作业法、改进湿作业法和干挂法，其中干挂法由于施工效率高、安全性好、施工质量容易控制，而被运用得越来越广泛。

玻璃具有传统采光、维护的功能，而现代的生产和深加工工艺赋予它更多的新型功能，如保温隔热、防火防盗、降噪减耗等，以及更丰富的装饰效果。运用喷砂、手工研磨或酸蚀工艺制得的毛玻璃，具有不同透明度的彩色玻璃，用压花、雕花、印刷、冰花工艺制成的花纹玻璃，有扩大空间效果的镜面玻璃，可以任意塑型的热熔玻璃，通过拼图可以获得艺术图案而且具有防水特性的玻璃马赛克，外观类似抛光砖、多用干挂法施工的微晶玻璃，还有激光玻璃、夹层玻璃、玻璃砖、烤漆玻璃、槽型玻璃等，具有丰富的视觉效果，给设计师提供了众多的选择。而钢化玻璃、夹丝玻璃、夹胶玻璃以较好的安全性，可被广泛地用作大面积玻璃隔断、采光玻璃顶棚、玻璃栏板、悬挂玻璃、防火玻璃等，既满足对安全性的要求，又保证空间在视线上的连续。

金属板具有防水、不怕虫蛀、不会老化、高强、挺括的优点，可制成平板、条形板、扣板、波形板、瓦楞板、穿孔板等多种造型，面层可以通过喷塑、压膜、烤漆、喷漆等手段获得良好的装饰效果。在追求简洁、高效的公共空间里时常被使用。但有时会有结露现象出现。

● 楼地面饰面材料

楼地面的选材应考虑到该界面要经受人的经常走动、物体的搬动，应该具有耐磨、防滑、耐污、易清洁、抗重物坠落冲击等要求。考虑到人的脚与其经常接触，因此在人员长时间停留的空间，楼地面材料还应具有良好的脚感、弹性和保温性。

常用的楼地面饰面材料有石材、陶瓷地砖、地板、地毯、塑料地板和涂料等（图6-2-9～图6-2-13）。

图 6-2-9　石材品种很多，该商场的水平交通空间用黑白灰色的石材铺设地面，图案化设计具有强烈的导向性。

图 6-2-10　办公空间的地面采用陶瓷地砖，造价较低又方便打扫，具有耐磨、耐污、耐久性。

图 6-2-12　宾馆大堂里铺设地毯的休息空间，给人安逸舒适的感觉。

图 6-2-11　某美术馆的地面采用木地板，色彩自然柔和，脚感舒适。

图 6-2-13　塑料地板也被用在了柏林犹太人纪念馆中。

室内楼地面上铺设的石材主要有花岗石、大理石、板岩、人造大理石等。由于花岗石属于硬质石材，脚感最为冰冷坚硬，所以在室内用得不如大理石多，但其优良的耐磨性又是一些有大量人流的建筑（例如交通建筑）室内的良好铺地材料。为了防滑，可以把石材设计成烧毛或细凿面的。

陶瓷地砖分为无釉陶瓷地砖、彩釉陶瓷地砖、仿石瓷质地砖、劈离砖、毛面砖、梯沿砖、广场麻石砖等。其中彩釉陶瓷地砖由于易滑，所以一般比较慎用。而劈离砖、毛面砖和广场麻石砖由于具有一定的凹凸肌理和粗糙感，给人比较自然的感觉，适用于室内空间室外化处理的设计中。

地板分为小木地板、实木地板、实木复合地板、复合强化木地板、竹地板、软木地板几大类。小木地板多直接铺设在地坪上，可以按正芦席纹、斜芦席纹、人字纹、清水砖纹等拼出图案来。实木地板花纹美丽，一般有统一的规格和企口构造，需要先架设地龙骨，然后在其上安装，具有良好的弹性和脚感。实木复合地板是以珍贵稀少的天然木材为表层，材质较差的天然木材为芯层，经高温压制而成的多层结构的地板。其结构合理，节省木材，不助燃、防虫、翘曲变形小、弹性好、

安装方便、耐用、装饰效果好、保养方便，但表面材质偏软。复合强化地板自下而上由防潮阻燃的平衡底层、防腐防潮防蛀的高密度纤维板层、图案层、耐磨防滑阻燃的保护膜四层组成的。它具有优良的物理性能——防热阻燃、耐酸耐碱、耐磨抗压、抗冲击、不染污渍，而且安装方便、维护简单、美观环保、使用寿命长；但材料性冷，脚感偏硬，易产生噪音。竹地板是用竹子加工而成的，具有取材方便、质地坚硬、抗压耐磨、色泽淡雅统一、持久不变、不易变形、古朴典雅、环保无害、易于护理、价格便宜的特点。软木地板是把软木颗粒压制成规格片块，表面为透明树脂耐磨层，下面为PVC防潮层。其良好的防滑性、弹性、保温性、吸音性、阻燃性和脚感舒适性，使其非常适合用在高档的饭店、宾馆、舞厅等场所。

地毯也是一种历史悠久的地面装饰材料，现在的地毯多以毛、麻、丝及人造纤维为主要原料加工编织而成。选择地毯时应根据所用场所的人流量、舒适性要求、抗静电要求、空间色彩、设计风格等来确定地毯成分、图案色彩、规格大小、织法、防火和抗静电等级。具体的地毯纤维成分和特性参见第四章的表4-6-2。

涂料名称	主要成膜物质	优点	缺点
环氧树脂地面厚质涂料	环氧树脂	涂膜坚硬，耐水，耐磨，耐化学腐蚀，耐久，与水泥基层黏结力强。	施工操作较复杂。
聚氨酯地面涂料	聚氨酯预聚体	弹性好，脚感舒适，耐水，耐磨，耐化学腐蚀，耐久，与水泥基体黏结性好。	易燃。
丙烯酸硅地面涂料	丙烯烯酸酯树脂和硅树脂的复合产物	耐候性，耐水，耐刷洗，耐磨，渗透力较强，黏结牢固，施工方便。	
聚氨酯-丙烯酸酯地面涂料	聚氨酯-丙烯酸酯树脂溶液	耐磨，耐酸碱腐蚀，耐水，表面有瓷砖的光泽感。	基层表面需坚实、平整、干净、干燥。
过氯乙烯水泥地面涂料	过氯乙烯树脂	施工简便，干燥快速，耐水，耐磨，耐化学腐蚀。	易燃、有毒。

表6-2-4　常用地面涂料主要成膜物质和特点比较表。

常用的地面涂料有聚合物水泥地面涂料、溶剂型地面涂料、合成树脂厚质地面涂料。它们的主要成膜物质和特点见表6-2-4。

● 顶棚饰面材料

现代空间里，顶棚主要通过造型设计来丰富空间层次，反射或者吸收光线来调节室内空间的整体亮度，以及安排适当的照明灯具营造光环境氛围。材料的选择相对其他几个界面往往要简单些，常用一些整体性效果较好的面层材料，如涂料、壁纸、金属板、玻璃等。在一些有特殊功能要求的室内空间，如办公、医疗建筑内需要安静环境的空间，顶棚应选用有一定吸声作用的饰面材料，例如木丝吸声板、表面有孔的矿棉板、装饰吸声石膏板等（图6-2-14 ～图6-2-17）。

● 家具饰面材料

家具比较重要的几个面是台面、门面和座面。

台面是主要的工作操作面，其饰面材料除了美观要求外，还应满足有一定承载力、耐磨、易清洁的要求。台面的常用饰面材料有人造石、大理石、防火板、用油漆罩面的胶合板、塑料、玻璃等。人造石包括树脂型、复合型、水泥型、烧结型人造石材。其中树脂型人造石因为光泽好、颜色鲜艳丰富、可加工性强、易于成型的优点而成为目前室内装饰工程中用得最多的人造石。防火板是将多层纸材浸渍于碳酸树脂液中，经烘干，在一定温度和压力条件下压制而成的，表面有保护膜的饰面材料。其特点是防火、耐热、防水、防尘、耐磨、耐冲击、易保养、花色质感多样，也是较为常用的一种家具台面饰面材料。对于人的手可能长时间接触的台面，如书桌面等台面，可以局部选配有良好触感的皮质作为饰面材料。

门是储物型家具的重要部件，其式样和用材对家具的风格起非常重要的作用。家具门的常用饰面材料有用油漆罩面的胶合板、无框玻璃、金属框加玻璃、木框加玻璃、木框加织物或皮质包面等。

座面是坐卧类家具的主要支撑面，和人体的臀部或背部有着亲密的接触，因此饰面材料应是热的不良导体，并具有温和的触感，常用的座面有织物类、皮质、人造革、木质、硬塑料等。

图6-2-14 宾馆的公共空间需要安静的声环境，该挑高空间的顶棚选用了吸音效果好的木丝吸声板。

图6-2-15 金属板或金属网板是现代建筑的常用吊顶材料，和玻璃搭配具有简洁的风格。

图 6-2-16 木材具有良好的韧性，当断面的长宽比符合一定要求时，木材可以被弯曲。这个设计就是用木材在建筑内部建起一个卵形空间，其顶棚和墙面连成一片。

图 6-2-17 天然的西班牙云石具有半透光的特点，加工成薄片后可以作为发光顶棚的面层材料。

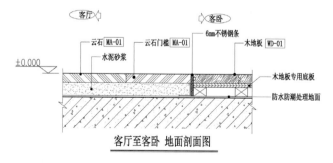

图 6-3-1 某样板房客厅地面铺设云石，客卧地面铺设木地板，完成面的标高一致，设计师采用 6mm 宽的不锈钢条作为过渡。

现代化学工业和加工制造业的发展，为我们提供了越来越丰富的装饰装修材料，并且呈现出以下趋势：单一品种、规格、花色向多品种、多规格、多花色发展，单纯装饰性向多功能发展，纯天然材料向深加工型和人造材料发展，加工过程高损耗、有害环境向绿色环保型发展，传统规格、普通性质向大规格、轻质量、高强度发展，现场制作、湿作业法向成品化、标准化、装配化发展。室内设计师应多了解建材行业的动态，为自己的设计准备好充足的物质技术手段。

三、装饰构造的设计原则

装饰构造是进行室内设计时，落实装饰设计构思的具体技术措施、原理和方法，要求室内设计师在进行界面造型设计、考虑装饰材料选用的同时，解决重点部位——主要装饰面、不同材料交接处、转折界面交界处，或有立体造型的部位材料的构造层次、安装联系方式。由于本书篇幅有限，鉴于装饰材料和构造的复杂性无法在这里详述，因此，在此仅介绍一下装饰构造设计的基本原则。

装饰构造的设计原则如下：

1. 在处理不同材料的交接构造问题时

不同材料的伸缩变形率不同，如果平接很容易出现裂缝。一般可以把容易获得挺括边界的材料去压住另一种材料；如果两种饰面材料都无法获得挺括边界的话，可以另外采用一种能够有挺括造型的材料来压住这两种；如果两种饰面材料都能加工成挺括的边界，那么干脆用离缝方式故意留出缝隙，其后另衬一种材料，或用柔性材料填充缝隙，即勾缝（图6-3-1～图6-3-3）。

2. 在处理转折界面交界处的构造问题时

转折界面一般有形成阳角、形成阴角或形成弧面这三种情况。对于阳角来说，应尽量避免不同材料在此处对角交接，可以把不同材料的交接适当地离开阳角一定距离；如果阳角的两面是同一种材质而且不能弯曲，那么可以考虑利用材料的厚度，把交缝留在视觉比较次要的一个面上，或者用另一种可加工成漂亮造型的材料置于角上进行过渡（图6-3-4～图6-3-6）。

对于阴角来说，就相对简单一些。不论阴角的两边是同一种材质还是不同材质，我们只需要

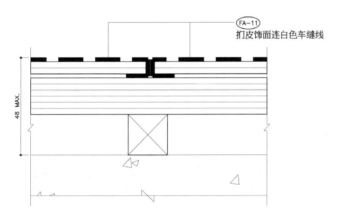

图6-3-2 某样板房客厅墙面的硬包设计，由于每块材料可以获得挺括边界，设计师就采用不留缝的平接构造。

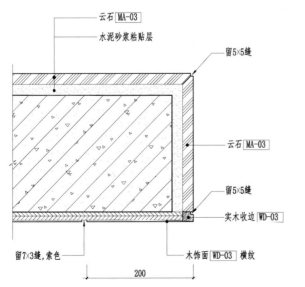

图6-3-3 某一墙体两面为石材饰面，另一面为木饰面，在木饰面与石材交接的阳角处以及连续木饰面处均采用了离缝的做法。

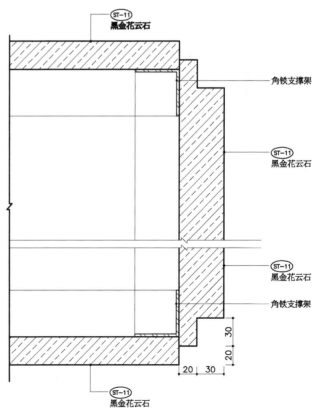

图6-3-4 某样板房的石材饰面隔墙节点详图，角铁支架，外敷云石，阳角处的交缝利用石材的厚度设计成台阶形。

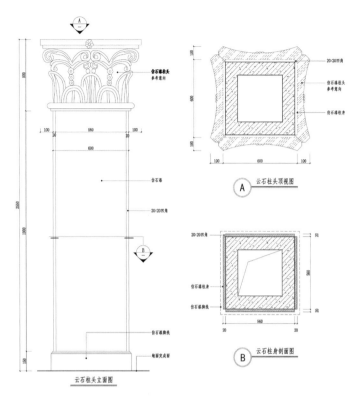

云石柱头立面图

图6-3-5 石材饰面柱头和柱身剖面详图,阳角处的做法并不相同。

A 云石柱头顶视图

B 云石柱身剖面图

把交缝留在非主视线正对的面上就可。

弧面转角处尽量选择可弯曲的饰面材料,或现场涂敷的整体性材料,如果弧面的半径允许的话,还可以选用小规格材料(例如铺贴马赛克等),通过借位来慢慢实现弧面的过渡。

3．其他原则

① 结构可靠性原则

是指装饰面层所依附的骨架和基层应形成稳固、安全、耐久的几何不变体系(图6-3-7)。

② 联系可靠性原则

是指装饰面层与基层、基层与骨架之间应连接牢固、耐久,避免相互脱离、断层现象的发生。

③ 方便维修原则

对于有容易破损、碎裂、老化的材质的构造部位,或内里安装有管线、设备时,设计时应考虑到不需破坏装饰材料而提供检修更换的可能(图6-3-8)。

④ 需要隔固体声的柔性连接原则

通过柔性材料的柔性连接可以有效减少甚至消除构建的固体传声量。

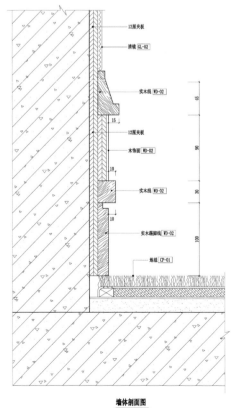

墙体剖面图

图6-3-6 墙面与地面的阴角交接处,实木踢脚离开地面基层一点距离,铺设地毯时把地毯翻边伸到缝隙里。

图6-3-7 弧形的木质吊顶和灯光配合营造了一个生动而优雅的空间,木质吊顶与建筑天花的联系必须稳固、安全且耐久。

⑤ 如果构造上有防水层、保温层、找平（坡）层、装饰面层等多个层次

从建筑结构层开始到装饰面层的排列顺序应为：结构层、保温层、防水层、找平（坡）层、装饰面层。即防水层在保温层外面，保护保温层避免受潮降低保温性；找平（坡）层在防水层之外，保护防水层免被破坏。

⑥ 美观性原则

好的构造设计应既能解决功能问题，又应达到较好的视觉效果。

当然，这里只是总结了一下进行装饰构造设计时应该遵循的基本原则，也许不能面面俱到。同时具体对象应具体对待，不能死套公式。

四、参考阅读文献及思考题

1.《装饰材料》中国建筑学会室内设计分会编著，中国建筑工业出版社。

2.《装饰材料与构造》王淮梁 编著，合肥工业大学出版社。

3.《建筑设计的材料语言》诸智勇 编著，中国电力出版社。

4.《室内装饰工程手册》王海平、董少峰 编著，中国建筑工业出版社。

5.《室内设计资料集》张绮曼、郑曙旸 编著，中国建筑工业出版社。

6.《建筑装饰装修行业最新标准法规汇编》，中国建筑工业出版社。

7.《室内设计资料图集》康海飞 主编，中国建筑工业出版社。

思考题：

1. 装饰材料的选用有哪些原则？为什么？

2. 室内装饰装修工程中常用的骨架和基层材料有哪些？如何使用？

3. 常用的室内墙体饰面材料有哪些？分别有哪些特性？

4. 常用的室内楼地面饰面材料有哪些？分别有哪些特性？

5. 常用的室内顶棚饰面材料有哪些？分别有哪些特性？

6. 常用的家具饰面材料有哪些？

7. 装饰构造的设计原则有哪些？

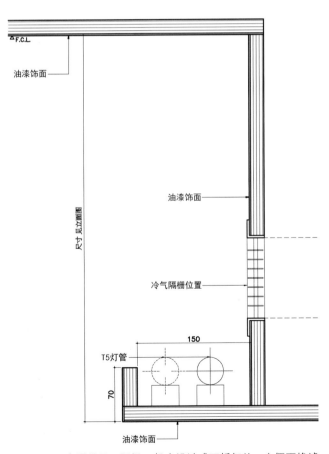

图 6-3-8　空调的风口隔栅一般应设计成可拆卸的，方便更换滤网和检修。

第七章

室内设计职业教育

当经过专业学习和培训的设计师走上工作岗位，开始承接室内设计及其相关业务的时候，也就意味着职业生涯的起步，接下去面对的就是检验学习阶段的成果是否能满足实际工作的需要，如何在设计实践中提高自身的专业素养和能力、接受新的专业信息，适应不断更新的设计要求，设计出更好的作品，获得事业上的成功。

为了达到这一目的，应该了解一下室内设计入行的职业准备、设计师应该具备的职业道德，以及室内设计师的职业发展前景。

一、职业准备

俗话说，"行有行规"。当接受过系统专业课程训练的室内设计专业毕业生要正式从事室内设计工作，并独当一面时，他或她需要做一些必要的职业准备。

1．参加资格考试，获得相关证书

虽然证书并不一定能证明一个人的真正学识和能力，但不可否认，由国家指定的专业机构所组织的执业资格认定考试，是确保通过考试的设计师达到从事室内设计职业最低标准的一个有效的方式，并且资格考试制度能规范设计市场的有序化竞争，确保设计师能更好地服务于社会。

室内设计师执业资格考试是国际上通行的方法，要想获得"室内设计师"这一称号，必须通过资格考试、经过认定获得国家认可的执照。在我国，目前是以技术岗位证书的形式出现的，被国家认可的相关室内设计行业的技术岗位有：

① 由中国建筑装饰协会认定并颁发证书的高级室内建筑师、室内建筑师和助理室内建筑师。

② 由中国建筑装饰协会认定并颁发证书的高级住宅室内设计师、住宅室内设计师。

③ 由国家劳动和社会保障局鉴定并颁发职业资格证的高级室内装饰设计员（师）、中级室内装饰设计员（师）、职业室内装饰设计员。

另外，我国的专业室内设计人员也可参加国际注册室内设计师协会（IRIDA）的认证。

2．加入行业协会，通过定期培训获得进步

获得了资格证书或者技术岗位证书，并不意味着就永远是个合格的室内设计师，因为人类对建筑室内空间的需求和专业的发展是无限的。这就要求设计师应该具有随时代的发展和社会的进步而获得提高的途径。那么加入室内设计行业协会或装饰装修行业协会，参加协会举办的进修课程就是必要的。当然颁发资格证书或者技术岗位证书的机构也会定期开办学习班，确保持证者的业务水准能跟上专业的发展。

3．密切与相关领域里的专业人士的联系，在必要时获得团队合作的可能

室内设计师的工作不是闭门造车，从设计项目的前期开始到交付使用，设计师需要来自各方面的支援：建筑设计师、结构工程师和风水电设备工程师能在大型公共项目中提供专业设计力量；具有资质的施工单位能对施工结果承担法律责任；高水平的技术工人能保证达到预期的设计效果和质量，也可以适时提出改进设计的建议；材料、设备和家具供应商可以为设计提供更多的新材料、新设备。设计师应和他们保持良好的联系，在必要时进行整合，获得优化效能。

二、职业道德

1. 室内设计师设计的虽然是空间环境，但使用者是人。所以设计师必须具有"为人服务"、"以人为本"的基本信条。

2. 室内设计是一项比较繁琐而又需要细致入微的工作，可能在整个过程中需要经常修改、调整，"没有最好，只有更好"，所以要求设计师要有足够的耐心和毅力去关注每一个细节，非常敬业地、有始有终地做好设计及相关服务。

3. 室内设计项目一般都会签订委托设计合同（协议），这不仅仅是确保设计师合法权益的法律文件，也是要求设计师履行其中所规定的服务内容和完成期限的条款。设计师应该要有法律意识，认真执行。

4. 很多室内设计项目需要经过设计招投标，中标后才能获得。设计师应自觉抵制不良的幕后交易行为，通过合法的公平竞争谋取利益。

5. 室内设计师需要参与主要装修材料、设备、家具等的选型、选样、选厂，应本着对业主负责、对项目负责的态度，科学、合理、公正地给予专业上的建议，不得利用这类机会收受回扣或好处。

6. 尊重其他设计师的专利权，不抄袭和照搬别人的创意和形式，倡导有针对性的原创设计。

三、职业前景

城市化的推进、社会财富的不断积累和人们的生活水平的提高，给房地产和建筑市场的发展带来了持续的后劲，室内设计将随之有很长时间的活跃期，能给从业设计师提供良好的实践机会。

另一方面，正如社会的分工越来越细，室内设计领域的市场也不断在细分。随着科学技术与现代建筑环境相结合，其内部功能、设备变得越来越复杂，要求也越来越高，这将促进室内设计行业的进一步细分，对某一类设计领域的专业化设计将有助于设计师掌握更多的专业知识、积累更多的同类经验，也更有助于团队合作、提高效率和市场竞争力。因此，室内设计师在设计实践中应有意识地定向收集信息和参加专业学习，培养自己在某一领域中成为"专业设计师"，甚至是专家。

四、参考阅读文献及思考题

1.《全国室内建筑师资格考试培训教材》中国建筑学会室内设计分会 编著，中国建筑工业出版社。

2.《美国室内设计通用教材》卢安·尼森、雷·福克纳、萨拉·福克纳 编著，上海人民美术出版社。

3.《美国大学室内装饰设计教程》卡拉·珍·尼尔森、戴维·安·泰勒 编著，上海人民美术出版社。

思考题：

1. 室内设计师为什么要参加资格考试，获得相关证书？

2. 作为一名合格的室内设计师，除了专业知识和技能外，还应具备哪些职业道德？

附录：课程教学大纲

课程中文名称：室内设计原理

课程英文名称：Principle of Interior Design

授课专业：主要针对环境艺术设计、室内设计专业的专业必修课程，也可作为建筑学、城市规划设计、风景园林设计等相关专业的选修课程。

学时：分三阶段（每个学期安排一个阶段的学习）；每阶段八周，每周两个半天（4+4 课时），64 课时。

课程内容：

室内设计原理和不同类型建筑空间的室内设计。教学从室内设计基本原理和方法入手，重点在于使学生循序渐进地理解室内设计原理、依据和要素，培养学生从建筑功能、技术和美学的角度解决建筑内部使用问题的能力；使其掌握室内设计的理论、设计方法和技巧，开拓设计理念和思路，锻炼室内设计的综合素质。课程分为三个阶段：第一阶段要求学生掌握室内设计基础原理和市场调研、材料选型的能力，要求能够独立完成一套功能完整的居住空间室内设计，作业深度达到方案设计要求；第二阶段提高学生分析空间、运用各种设计方法发现问题并解决问题的综合能力，要求能够独立完成一套功能较为复杂的办公空间或商业空间的室内设计，作业深度达到扩大初步设计要求；第三阶段要求学生掌握室内设计过程中处理各种功能、形式、技术、工艺、造价等问题的综合能力，要求能够独立完成一套综合性公共空间的室内设计，作业深度接近施工图设计要求。

课程教学目标：

1. 使学生循序渐进地理解室内设计原理、依据和要素，培养学生从建筑功能、技术和美学的角度解决建筑内部使用问题的能力。

2. 使学生掌握室内设计的理论、设计方法和技巧，开拓设计理念和思路，具备室内设计从业的基本综合素质。

3. 使学生掌握进行规范化设计表达的技能，具备运用图纸和口头陈述来充分与业主进行沟通、表达设计意图和效果的能力。

4. 培养学生具有室内设计过程中处理各种功能、形式、技术、工艺、造价等问题的综合能力。

课程教学形式：

每个阶段的室内设计课程都应先进行理论授课，并安排有针对性的案例解析；然后根据设计课题安排学生进行考察调研，要求对调研对象进行分析总结，来指导自己的设计课题；设计过程应注重培养学生分析问题、解决问题的思维能力，要求学生在草图阶段尽可能多地提出多种可行的方案进行比较，确立方案后再进行深化；在草图设计期间可安排一次方案介绍，锻炼学生口头陈述方案的能力，而教师的适时讲评可帮助学生开拓思路；最终的作业成果以 A3 文本和 A1 展板的形式体现，教师应进行最终的讲评。

图书在版编目（CIP）数据

室内设计原理（升级版）/ 梁旻 胡筱蕾 著.—上海：上海人民
美术出版社，2016.4（2021.1重印）
中国高等院校建筑学科精品教材
ISBN 978-7-5322-9611-8

Ⅰ.①室... Ⅱ.①梁... ②胡... Ⅲ.①室内装饰设计—高等学校—教
材 Ⅳ.①TU238

中国版本图书馆CIP数据核字（2015）第217565号

中国高等院校建筑学科精品教材

室内设计原理 (升级版)

著　　者：梁　旻　胡筱蕾

统　　筹：姚宏翔

责任编辑：丁　雯

流程编辑：孙　铭

技术编辑：季　卫

出版发行：**上海人民美術出版社**
　　　　　　（上海市长乐路672弄33号　邮政编码：200040）

印　　刷：上海丽佳制版印刷有限公司

开　　本：889×1194　1/16　印张 10

版　　次：2016年4月第1版

印　　次：2021年1月第5次

书　　号：ISBN 978-7-5322-9611-8

定　　价：68.00元